콘크리트 실무 매뉴얼 KCI PM205.1-10

고유동 콘크리트의 제조 및 시공

고성능콘크리트위원회

사단법인 한국콘크리트학회 Korea Concrete Institute

발간사

우리 학회가 창립된 지가 벌써 20년이 넘게 지났습니다. 그동안 우리 학회는 모든 분야에서 창립 때보다는 크게 성장하였습니다. 저술 분야에 있어서도 초창기에 학회지, 논문집 및 Newsletter 발간을 시작으로, 그 후 여러 단행본에 이르기까지 콘크리트 관련 책자들을 출판하였습니다. 이와 더불어 연구 활동도 크게 신장되어 40개의 연구전문위원회에 의해 토론, 연구가 활발히 진행되고 있으며, 콘크리트 관련 연구도 다수 수행하여 많은 연구 보고서가 출판되었습니다.

학회 이사회에서는 지난 2009년 학회 창립 20주년을 계기로 이러한 학회의 연구활동과 저술활동을 체계적으로 추진하고, 보다 근본적인 우리만의 연구 내용을 담기 위하여 '콘크리트실무지침편찬특별위원회'를 구성하기로 하였습니다. 이 특별위원회가 기획하고 지난 2년 동안 해당 연구전문위원회가 노력하여 오늘 이와 같은 5종의 실무 매뉴얼을 최초로 출판하게 되었습니다. 우리 학회가 참조로 한 것은 ACI 각 연구전문위원회가 준비하여 출판하는 6권의 ACI Manual of Concrete Practice로서 우리 학회도 앞으로 각 연구전문위원회가 활동하여 얻은 연구 결과들을 한데 묶어 이러한 책자를 발간하고자 하는 것입니다. 따라서 이번에 5종의 실무 매뉴얼이 출판됩니다만 이것이 마지막이 아니고 시작일 뿐입니다. 그리고 한번 출판된 실무 매뉴얼들도 각 해당 연구전문위원회에서 계속적으로 수정, 보완하는 방법으로 개정할 것입니다.

끝으로 지난 2년 동안 어려운 여건 속에서도 열심히 노력하시어 우리 학회 최초로 실무 매뉴얼을 준비하여 주신 특수환경콘크리트위원회(위원장 장봉석), 매스콘크리트위원회(위원장 차수원), 고성능콘크리트위원회(위원장 고경택), 균열위원회(위원장 김윤용), 콘크리트시공기술위원회(위원장 김순환) 등 각 매뉴얼 작성 위원장님과 위원님들에게 깊은 감사의 말씀을 드립니다. 그리고 이러한 뜻깊은 일을 더욱 뜻깊게 하기 위하여 실무 매뉴얼 발간 사업은 회원 여러분의 기부금으로 이루어졌기에 도와주신 회원 여러분에게도 이 기회를 빌려 감사드립니다. 마지막으로 오늘 이 작은 출발이 10년, 20년 후에 우리나라 콘크리트 분야 발전에 큰 계기가 될 수 있기를 바랍니다.

2010. 12

사단법인 한국콘크리트학회

실무지침편찬특별위원회 위원장 김 상 식

학 회 회 장 (11대) 김 진 근

머리말

고유동 콘크리트는 세계적으로 그 역사가 25년 정도로 비교적 최신 콘크리트 기술에 해당하며, 우리나라에서도 고유동 콘크리트에 대한 관심과 연구가 1990년대 초반부터 시작되었습니다. 그 동안 국내 건설현장에서도 초고층 빌딩을 중심으로 적용되기 시작되어 건축현장에서 점차 확산되고 있으며, 토목공사 현장에서도 시험시공을 통하여 고유동 콘크리트에 대한 관심이 점차 증가되고 있는 실정에 있습니다. 그러나 고유동 콘크리트를 아직까지 특별한 콘크리트라고 생각하고 현장적용을 꺼리는 등 일반화가 되지 않아 적용이 한정되어 있는 실정입니다. 이것은 현장의 실무자들이 쉽게 참고할 수 있는 체계적으로 정리된 매뉴얼이 없는 것이 가장 큰 원인 중에 하나라고 생각됩니다. 이에 한국콘크리트학회 고성능 콘크리트 위원회(KCI-205)에서는 현장의 목소리에 귀 기울여 실무자들이 참고할 수 있는 '고유동 콘크리트의 제조 및 시공' 매뉴얼을 집필하게 되었습니다.

본 매뉴얼에서는 국내외 문헌조사 및 분석을 통해 고유동 콘크리트의 기술 동향, 사용재료, 배합설계 방법 및 제조 방법, 시공성, 강도, 내구성 특성, 굳지 않은 고유동 콘크리트의 성능 평가 방법 및 기준, 시공 방법 그리고 실제 고유동 콘크리트의 국내외 대표적인 적용사례를 포함하였습니다.

많은 기술자들의 기대에 부응할 수 있을지에 대한 의구심을 가진 채 금번 매뉴얼을 출간하게 됨을 널리 헤아려 주시고, 수정사항이나 개선해야 할 점들을 기탄없이 알려주시면 머지않은 시기에 지금보다 실무자들에게 더 가까이 갈 수 있는 매뉴얼로 개정하도록 하겠습니다.

그 동안 집필에 힘써주신 세명대학교 최연왕 교수님, 청주대학교 한민철 교수님, 한국건설생활환경시험연구원 이건철 박사님, GS건설 한상묵 박사님과 집필에 필요한 자료와 조언을 아끼지 않은 우리 고성능 콘크리트 위원회 모든 위원님들께 감사의 말씀을 드립니다. 또한 총 5편의 실무 매뉴얼 집필 총괄을 맡으시어 처음부터 끝까지 교정을 해주시고 고견을 주신 김상식 전 학회장님께도 마음 깊은 감사를 드립니다.

2010년 12월

고성능콘크리트위원회(KCI-205) 위원장 고 경 택

집필위원

집필책임자	고경택(한국건설기술연구원)
집 필 위 원	최연왕(세명대학교), 한민철(청주대학교), 이건철(한국건설생활환경시험연구원), 한상묵(GS건설(주))

검토위원

검 토 위 원	김성욱(한국건설기술연구원), 박연동(대구한의대학교), 한천구(청주대학교)

심의위원

위 원 장	김 우(전남대학교)
위 원	김상식(인하대학교), 박홍근(서울대학교), 변근주(연세대학교), 양주경(청운대학교), 연규석(강원원주대학교), 이재훈(영남대학교), 이차돈(중앙대학교), 정영수(중앙대학교)

기획 / 실무지침편찬특별위원회

위 원 장	김상식(인하대학교)
간 사	이차돈(중앙대학교)
위 원	김상철(한서대학교), 박홍근(서울대학교), 신현목(성균관대학교), 이광명(성균관대학교), 이재훈(영남대학교), 최동욱(한경대학교)

차 례

03 장 고유동 콘크리트의 특성

04 장 고유동 콘크리트의 성능 평가 방법

01 장 서론

1.1 배경

우리나라는 급속한 경제 발전을 시작한 1970년 이후 신규 구조물의 건설이 대단위로 이루어져 왔으며, 국토 개발계획에 따라 고속도로, 고속철도 및 신도시 건설 등과 관련하여 수많은 콘크리트 구조물이 건설되어 왔다. 이처럼 콘크리트는 경제성 및 내구성이 우수한 건설 재료로써 강재와 더불어 사회간접자본(SOC) 건설에 가장 널리 사용되어 왔다.

콘크리트는 사회기반시설을 구축하기 위한 필수 불가결한 중요한 구조 재료의 하나로서 적절한 설계 및 시공이 이루어질 경우에는 안전하고 내구적인 구조물을 구축할 수 있다. 콘크리트는 본래 내구적인 재료임에도 불구하고 그 내구성과 신뢰성에 대한 의문이 발생하는 것은 시공 과정 중 인적 요인에 따라 다짐 작업이 일정치 않아 숙련된 기술이 요구되고 있기 때문이다.

산업구조의 개편에 따른 인력의 이동, 힘든 작업의 기피현상 및 인건비 절감을 위한 자동화 등 사회적 여건이 크게 변화하고 있으며, 콘크리트 시공과 관련된 숙련 기능공의 부족 및 기능력의 저하로 콘크리트 품질 결함의 주원인이 되는 시공 불량 사례가 증가하고 있다. 그리고 최근 구조물의 대형화, 고층화, 장대화 및 고성능화가 가속화되고 해양·지하 공간 등 특수 환경에서 건설 공사가 증가함에 따라 숙련된 기능공 및 고성능화된 건설 장

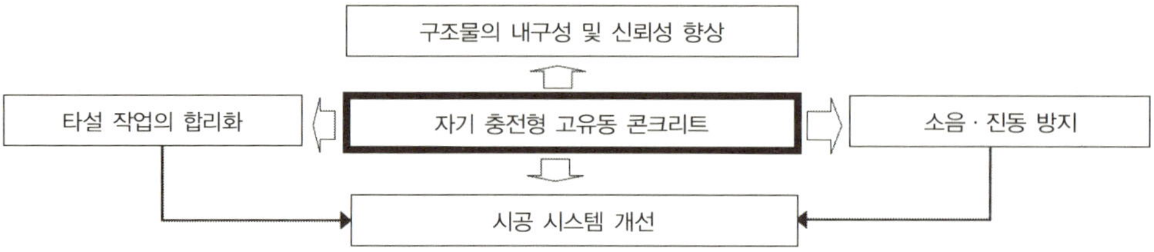

그림 1.1 **고유동 콘크리트의 적용 효과**

비 등이 더욱 요구되고 있다.

따라서 콘크리트 구조물의 신뢰성을 향상시키기 위해서는 콘크리트 공사 과정에서 타설 작업에 따른 영향을 받지 않도록 하는 것이 무엇보다 중요하다. 이러기 위해서는 기존 콘크리트의 워커빌리티로서는 타설 작업이 어렵거나, 복잡한 형상을 가지고 과밀하게 배근된 구조물에서도 원활한 타설 작업 및 품질 확보가 가능한 고유동 콘크리트에 대한 필요성이 날로 증가하고 있다.

다짐이 필요하지 않은 고유동 콘크리트는 내구적이고 신뢰성이 높은 콘크리트 구조물을 건설할 수 있을 뿐만 아니라 다짐 작업에 따른 소음 해소, 시공 시스템의 개선 등 콘크리트 공사의 근대화가 가능하게 되었다(그림 1.1).

현재 국내에서도 다양한 고유동 콘크리트가 개발되어 적용 실적이 증가되고 있으나, 아직까지 일반화가 되지 않아 적용이 한정되어 있는 실정이다. 따라서 이 매뉴얼에는 국내외 문헌 조사 및 분석을 통해 다짐이 필요하지 않은 자기 충전형 고유동 콘크리트의 기술 동향, 사용 재료, 배합 및 제조 방법, 역학적 특성, 장기 거동 및 내구 특성, 성능 평가 방법 그리고 시공 방법 및 시공 사례에 대해 소개함으로써 고유동 콘크리트를 실무에 활용할 수 있도록 하였다.

1.2 고유동 콘크리트의 정의 및 특성

1.2.1 고유동 콘크리트 정의

고유동 콘크리트는 굳지 않은 상태에서 재료 분리 없이 높은 유동성을 가지면서 다짐 작업 없이 자기 충전성이 가능한 콘크리트이다. 즉, 타설 시 다짐 작업 없이 또는 다짐 작업을 거의 하지 않더라도 철근이 조밀하게 배근된 거푸집 내부를 스스로 유동하여 밀실하게 충전되는 콘크리트이다. 이러한 성능을 발휘하기 위해서는 굳지 않은 상태에서 재료 분리가 일어나지 않는 동시에 높은 유동성과 자기 충전성을 가져야 한다.

콘크리트표준시방서(2009년 개정)[5]에는 고유동 콘크리트의 슬럼프 플로를 600 mm 이상으로 규정하고 있으며, 이것은 진동 및 다짐 작업과 같은 어떠한 기계적 작업을 가하지 않고 단지 콘크리트 자중에 의해 자기 충전하는 고유동 콘크리트를 대상으로 하고 있다. 그리고 슬럼프 플로 600 mm 이하인 경우에는 구조물 조건에 따라 진동 다짐과 같은 약간의 다짐 작업이 필요할 수도 있고, 700 mm를 초과하는 경우에는 압송 중이거나 부어넣기 중에 재료 분리가 발생하기 쉽기 때문에 주의할 필요가 있다. 그러나 슬럼프 플로 600 mm 이하

(a) 일반 콘크리트의 슬럼프　　(b) 고유동 콘크리트의 슬럼프 플로

그림 1.2 **슬럼프와 슬럼프 플로 비교**

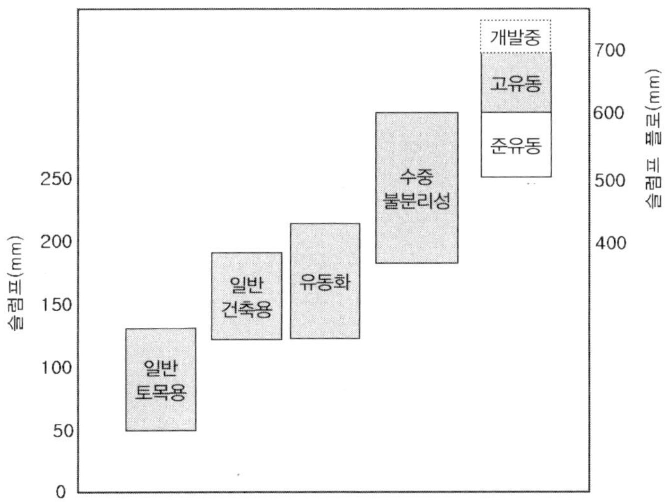

그림 1.3 **콘크리트 종류에 따른 유동성 비교**[6]

라도 구조물 단면 형상, 배근 상황에 따라 자기 충전성을 가질 수 있기 때문에 시험 등으로 확인한 다음에 사용할 수 있다. 또한 품질관리 측면에서 고유동 콘크리트보다는 슬럼프 플로 450~600 mm 정도로 유동성을 적게 하여 경미한 다짐으로 거푸집에 양호한 충전이 가능하고, 기존 설비로 제조가 가능한 준고유동 콘크리트가 개발되어 적용되고 있다[2]. 그리고 슬럼프 플로 700 mm 이상이라도 재료 분리 없이 자기 충전성을 가질 수 있는 초유동 콘크리트는 현재 국내에서도 개발 중에 있다. 그림 1.2는 고유동 콘크리트의 슬럼프 플로와 일반 콘크리트의 슬럼프를 비교한 것이고, 그림 1.3은 콘크리트 종류에 따라 유동성을 비교한 일례이다.

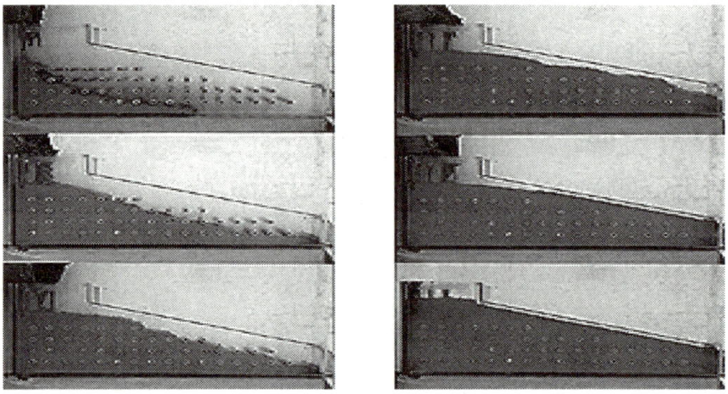

그림 1.4 **고유동 콘크리트의 충전성 시험**

표 1.1 고유동 콘크리트의 자기 충전성 등급(콘크리트학회 표준시방서)

자기 충전성 등급		등급 1	등급 2	등급 3
구조 조건	최소 철근 순 간격 (mm)	35 ~ 60	60 ~ 200	200 정도 이상
	강재량 (kg/m^3)	350 정도 이상	100 ~ 350 정도	100 정도 미만
자기 충전성		복잡한 단면 형상, 단면 치수가 작은 부재 또는 부위에서 자기 충전성을 갖는 성능	일반 철근 콘크리트 구조물 또는 부재에서 자기 충전성을 갖는 성능	단면 치수가 크고 철근량이 적은 부재 또는 부위, 무근 콘크리트 구조물에서 자기 충전성을 갖는 성능

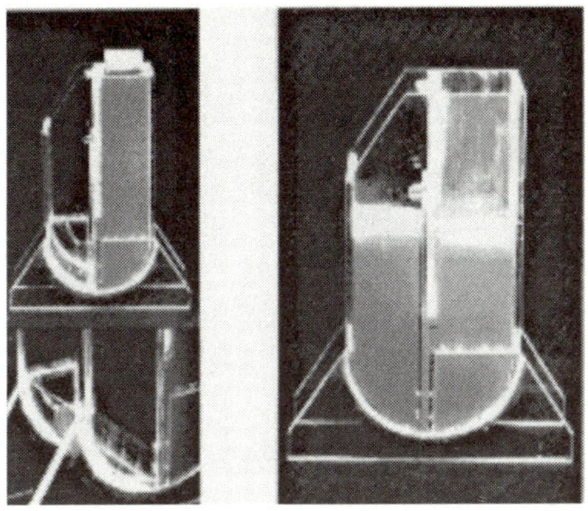

(a) 고유동 콘크리트　　　(b) 일반 콘크리트

그림 1.5 콘크리트의 종류에 따른 충전성 비교

표 1.1에 나타낸 바와 같이 구조물의 형상·치수, 배근 상태 등을 고려하여 고유동 콘크리트의 자기 충전성을 3등급으로 구분하고 있다[5]. 여기서 일반적인 철근 콘크리트 구조물 또는 부재에서는 자기 충전성을 2등급으로 하는 것을 표준으로 하고 있으며, 1등급은 이것보다 가혹한 조건에서 최소 철근 간격 및 덮개 등 하한 조건의 자기 충전성을 만족하는 경우에 해당한다. 그림 1.4와 그림 1.5는 고유동 콘크리트의 충전성을 평가는 모습이다.

1.2.2 고유동 콘크리트의 기본 개념

고유동 콘크리트의 기본 개념은 기존의 콘크리트 재료에 증점제 또는 플라이 애쉬, 고로 슬래그 미분말과 같은 분체를 다량으로 사용하여 모르타르 및 시멘트 페이스트에 높은 점성을 부여함으로써 재료 분리를 방지하며, 고성능 감수제의 사용으로 분체의 높은 분산 효과에 의해 고유동성을 확보함으로써 자기 충전성을 갖게 되는 것이다. 이러한 조건을 만족하기 위해서는 유변학 특성인 소성 점도를 확보하면서 항복 값을 작게 할 필요가 있다. 일반 콘크리트에서는 단위 수량이 증가될 경우에는 슬럼프가 증가하게 되어 항복 값이 저감되는 동시에 소성 점도도 감소함으로써 재료 분리가 발생하게 된다. 그림 1.6에 나타낸 바와 같이 간극 통과성은 유동성이 증가할수록 오히려 감소하게 된다[13]. 이 때문에 고유동 콘크리트가 개발되기 이전에는 유동성과 재료 분리 저항성은 상반된 특성이라고 생각해 왔다. 이러한 생각이 바뀌게 한 것이 고유동 콘크리트인데, 즉 증점제 및 다량의 혼화재를 이용함으로써 모르타르 또는 시멘트 페이스트의 점성을 높여주는 동시에 재료 분리를 방지하면서 고성능 감수제의 높은 분산 효과에 의해 고유동성을 확보해 주는 것이다.

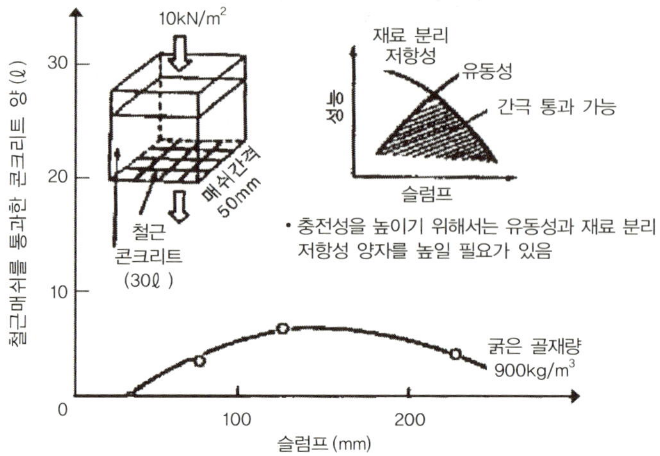

그림 1.6 **슬럼프와 충전성과의 관계**[14)]

또한 고성능 감수제의 분산효과가 보다 높게 발휘되기 위해서는 보통 포틀랜드 시멘트뿐만 아니라 고벨라이트계 시멘트, 중용열 포틀랜드 시멘트를 이용하는 사례도 증가하고 있다. 이러한 시멘트는 고성능 감수제가 흡착되기 쉬운 C_3A와 C_4AF의 성분이 적게 포함되어 있고 시멘트 주요 구성 화합물인 C_3S와 C_2S에 흡착되는 양이 증가하기 때문에 혼화제의 분산 효과가 발휘되기 쉽다. 즉, 고벨라이트계 시멘트와 중용열 포틀랜드 시멘트는 고성능 감수제의 분산 효과가 높게 발휘되도록 하고 적절한 소성 점도가 얻어지는 낮은 물-결합재에서도 항복 값이 저하되므로 고유동 콘크리트에 적합하다[15)].

고유동 콘크리트 제조 시에는 잔 골재율, 굵은 골재의 최대 치수 등 골재의 영향도 크다. 골재끼리의 상대 거리가 적게 될 경우에는 입자 상호의 충돌과 접촉의 빈도가 높아지기 때문에, 특히 장해물 근처 등에서 콘크리트가 변형할 때 발생하는 내부 응력이 높아지고, 유동에 필요한 에너지가 소비되어 폐색 상태로 되는 것이다. 이러한 현상을 방지하기 위해서는 일반 콘크리트의 배합보다도 골재양, 특히 에너지 소비가 큰 굵은 골재양을 제한

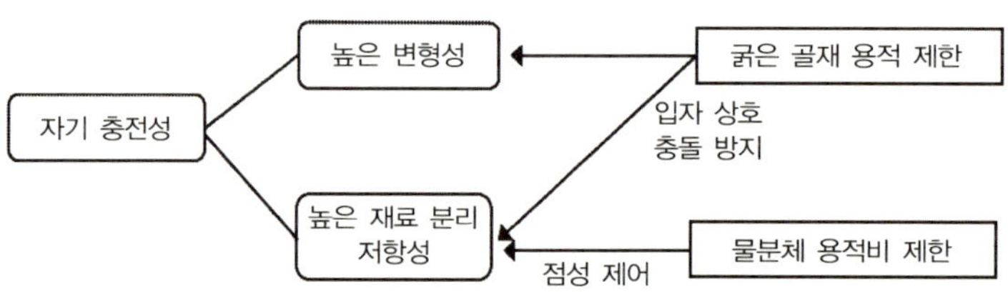

그림 1.7 **배합 조정에 따른 자기 충전성 실현**

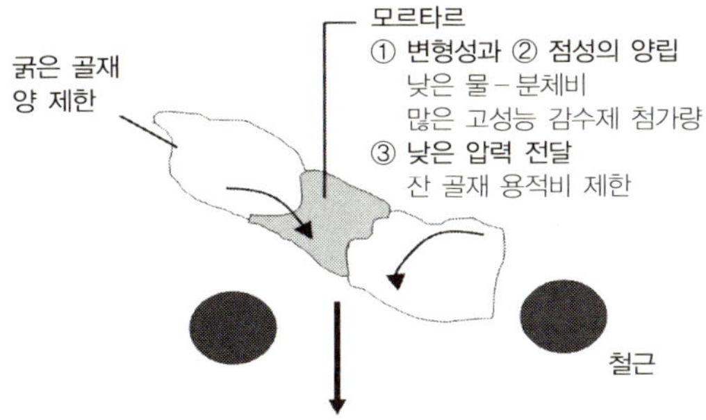

그림 1.8 자기 충전성, 간극 통과성을 달성하기 위한 메커니즘

하는 것이 유효하다. 또한 물-분체 용적비를 1.0 정도까지 작게 하여 시멘트 페이스트에 적절한 점성을 부여함으로써 재료 분리를 방지하여 자기 충전성을 확보할 수 있다(그림 1.7, 그림 1.8)[13, 17].

1.2.3 고유동 콘크리트의 종류

현재까지 알려진 고유동 콘크리트는 다양하나, 일반적으로 재료 분리를 저감하는 방법에 따라 다음과 같이 크게 증점제계, 분체계, 병용계로 구분하고 있다.

1) 증점제계 고유동 콘크리트

증점제계 고유동 콘크리트는 셀룰로오스계나 아크릴계 증점제를 비교적 다량으로 첨가함으로써 높은 분리 저항성을 부여하며, 물-분체비는 40~60 퍼센트 정도로 일반 콘크리트와 같은 정도이고, 배합 측면에서 수중 불분리성 콘크리트와 유사하다. 그리고 증점제와 고성능 감수제와의 조합에 따라서 양자 사이의 상호작용에 의해 효과가 잘 발휘되지 않는 경우가 있기 때문에 충분한 주의가 필요하다. 예를 들어 나프탈렌계 고성능 감수제와 셀룰로오스계 증점제를 조합한 경우, 어느 농도 이상이 되는 겔상 물질이 발생하여 고성능 감수제의 양을 증가시키더라도 슬럼프 플로가 증가하지 않는 현상이 발생할 수 있다. 아크릴계 증점제에서도 일부의 폴리카본산계 고성능 감수제와 조합한 경우, 증점제의 첨가율에 따라서 이상한 응집 현상이 발생한다는 보고가 있다. 이상과 같이 증점제와 고성능 감수제를 조합하여 사용한 경우에는 사전에 그 적합성에 대해 확인할 필요가 있다.

2) 분체계 고유동 콘크리트

분체계 고유동 콘크리트는 다량의 분체를 사용하고 물-분체비를 작게 함으로써 적절한 재료 분리 저항성을 부여하고, 고성능 감수제로 고유동성을 부여하여 자기 충전성을 확보한 콘크리트이다. 대부분 물-분체비가 30 퍼센트 정도로 작기 때문에 압축강도 40 MPa 이상의 고강도를 나타내는 경우가 많다. 분체계 고유동 콘크리트는 분체량이 많기 때문에 적용하는 구조물에 따라서 시멘트만으로 제조할 경우에는 수화열에 의해 온도 균열이 발생할 우려가 있다. 이 때문에 고로 슬래그 미분말, 플라이 애쉬, 석회석 미분말 등의 분체가 사용되는 예가 많다. 특히 자기 수축이 문제가 되는 경우에는 분말도가 높은 고로 슬래그 미분말의 사용을 가능한 피하도록 한다. 그리고 혼화재에 활성도가 낮은 석회석 미분말을 사용한 경우에는 석회석 미분말이 강도에 영향을 주지 않기 때문에 시멘트양으로 강도가 제어되어 일반 콘크리트와 동등한 정도의 압축강도를 가진 고유동 콘크리트 제조도 가능하다.

3) 병용계 고유동 콘크리트

병용계 고유동 콘크리트는 다량의 분체를 사용하고 물-분체비를 작게 하는 동시에 다당류 천연 고분자계 증점제 또는 소량의 셀룰로오스계 증점제를 첨가함으로써 적절한 재료 분리 저항성을 부여하고, 고성능 감수제로 고유동성을 부여하여 자기 충전성을 확보한다. 배합 측면에서는 분체계 고유동 콘크리트와 유사하나, 골재의 표면수율 및 입도 분포의 변화 등 사용 재료의 품질 변동에 대해 굳지 않은 콘크리트의 품질 변동을 완화시키고 안정한 자기 충전성을 용이하게 확보할 목적으로 소량의 증점제를 사용한다는 점에서 증점제계와 다르게 분류된다.

1.2.4 고유동 콘크리트의 사용 목적

고유동 콘크리트는 콘크리트 구조물에 기본적으로 모든 적용이 가능하지만, 사용 목적에 따라 기대되는 효과가 다르게 나타날 수 있으므로 사용 목적을 명확히 하여 고유동 콘크리트를 선택할 필요가 있다. 고유동 콘크리트를 사용함으로써 기대되는 효과는 다음과 같다.

○ 일반 콘크리트에서 충전이 곤란한 부위에 적용할 경우, 충전성 확보 가능

일반 콘크리트에서 충전이 곤란한 부위로서 배근이 밀실한 부분, 복잡한 형상 및 거푸집

아랫부분, 콘크리트 충전형 강관기둥 등이 있다. 콘크리트의 고강도화, 구조물의 장대화·슬림화 등에 따라 배근이 상당히 밀실한 설계가 증가하고 있다. 이러한 구조물에 일반 콘크리트를 적용할 경우, 타설 작업에 많은 노력이 요구되기 때문에 고유동 콘크리트를 적용함으로써 작업의 효율화를 도모할 수 있다. 또한 타설 작업을 하는 인력의 숙련도에 좌우되지 않고 구조물의 신뢰성을 향상시킬 수 있다.

○ 충전 불량 부위가 대폭 감소

공사현장에서 숙련된 인부가 감소하는 상황에서 고유동 콘크리트를 사용함으로써 타설 작업에 필요한 노동력을 절감할 수 있을 뿐만 아니라 다짐 작업에 따른 구조체 콘크리트의 품질변동을 줄일 수 있다. 타설 높이가 높은 경우에는 콘크리트가 분리되기 쉽고 상부에서 진동 다짐을 할 경우에는 하부까지 충분히 다짐 작업을 실시하지 못하는 상황이 발생할 수 있는데, 이러한 경우에도 고유동 콘크리트의 사용이 효과적이다.

○ 균질한 구조체 콘크리트 구축 가능

고유동 콘크리트는 일반적으로 블리딩 등의 재료 분리 현상이 적게 발생하고, 원칙적으로 진동 다짐을 실시하지 않기 때문에 재료 분리가 발생하지 않고 균질한 구조체를 구축하는 데 적합한 콘크리트이다.

○ 타설 작업의 합리화 도모

고유동 콘크리트는 다짐 작업을 실시하지 않으므로 타설 작업이 경감되는 등 공사의 합리화를 도모할 수 있다. 압입 공법, 분지관 공법 등에 사용할 경우에는 소수의 인원으로 효율이 높은 타설이 가능하다.

○ 진동 다짐 작업에 따른 소음·진동 발생 억제

도심지, 병원 및 학교 근처, 주택 등이 있는 공사현장 또는 프리캐스트 콘크리트 공장 등에서는 콘크리트 다짐 작업 시 소음 및 진동이 문제가 될 수 있다. 이 경우에 고유동 콘크리트를 사용함으로써 조용하고 쾌적한 환경을 유지할 수 있다.

1.2.5 고유동 콘크리트 사용 시 고려할 사항

고유동 콘크리트도 일반 콘크리트와 마찬가지로 많은 사항을 고려해야 하지만, 특히 다음과 같은 사항을 중요하게 고려해야 한다.

○ 구조물의 형상·치수, 배근 상태, 시공 조건 등을 고려하여 적절한 고유동 콘크리트를 선정할 것

고유동 콘크리트는 재료 분리 저항성을 부여하는 방법에 따라 크게 분체계, 증점제계, 병용계로 구분된다. 그리고 결합재의 종류, 골재 및 혼화제 등의 사용 재료, 물-분체비, 단위 굵은 골재 용적 등의 재료 구성이 다른 다양한 고유동 콘크리트가 존재한다. 따라서 고유동 콘크리트를 사용할 경우에는 구조물, 부위·부재의 형상·치수, 배근 상태, 시공 조건 등을 고려하여 적절한 고유동 콘크리트를 선정하는 것이 중요하다.

○ 선정한 고유동 콘크리트가 확실히 입수가 가능한지 확인 필요

고유동 콘크리트는 일반 콘크리트와 달라서 발주 시 강도와 유동성을 지정하여 곧바로 입수가 되는 체제가 되어 있지 않다. 대부분의 경우 사용자의 책임 하에 배합을 결정하고, 그 배합에 따라 콘크리트의 제조만을 레디믹스트 콘크리트 공장에 의뢰하게 된다. 공장 선정부터 시험 배합 등 일반 콘크리트에 비해 준비하는 데 걸리는 시간도 오래 걸리기 때문에 필요한 시기에 필요한 양을 곧바로 입수가 가능한지 확인해 두는 것이 바람직하다.

○ 사용하는 콘크리트의 유동성에 맞는 타설 계획을 수립할 것

고유동 콘크리트의 타설 계획은 높은 유동성과 우수한 충전성을 살리면서 균질하고 결함이 없는 구조물이 되도록 계획해야 하고, 일반 콘크리트에 비해 철저한 준비 계획이 필요하다.

○ 타설 시 작용하는 하중에 충분히 견딜 수 있는 거푸집 계획을 수립할 것

고유동 콘크리트의 측압은 액압으로 거푸집에 작용하므로 이에 대비하여 거푸집 설계를 해야 한다. 거푸집이 부분적으로 파손되더라도 고유동 콘크리트의 경우에는 타설한 콘크리트의 전량이 유출되는 대형 사고로 이어질 수 있기 때문에 철저한 거푸집 계획을 수립할 필요가 있다.

1.3 기술 현황

1.3.1 개발 배경

다짐이 필요 없는 고유동 콘크리트 개발의 필요성은 1986년 2월에 개최된 일본 시멘트협회(JCAS) 주최의 콘크리트 강습회에서 동경대학 오카무라 교수에 의해 처음 제창되었다[15]. 이 강습회에서 오카무라 교수는 다짐 작업이 필요 없는 고내구성 콘크리트로서 「고성능 콘크리트(High Performance Concrete)」의 개념을 발표하였다. 콘크리트가 조기에 내구성 저하가 발생하는 것은 시공 시 인적 요인이 크게 작용하는 다짐 작업에서 그 첫째 요인으로 작용하게 되므로, 다짐이 필요 없는 콘크리트가 가능하게 되면 콘크리트 구조물의 신뢰성을 향상시키는 데 기여할 수 있는 점을 강하게 강조하였다.

이후 동경대학 오자와와 마에카와 교수팀에서 다짐이 필요하지 않은 콘크리트에 관한 연구가 본격적으로 착수되어 1988년 타설 시 진동 다짐이 필요하지 않은 자기 충전성 고유동 콘크리트가 세계 최초로 개발되었다(그림 1.9)[14]. 자기 충전성의 실현은 무엇보다도 콘크리트 유동 상태의 재료 분리 거동에 관한 기초적 연구에 바탕을 두고, 기존 구성 재료의 배합설계로부터 탄생되었다. 또한 이러한 고유동 콘크리트를 개발하게 된 배경은 고성능 감수제의 개발, 수중 불분리성 콘크리트의 기술 확보, 고로 슬래그 미분말 등과 같은 혼화재의 상품화와 이에 대한 기초 기술 기반이 확보되었기 때문이며, 증점제와 같은 특수 혼화제가 개발되어 재료 분리 저항성 및 자기 충전성을 콘크리트에 부여할 수 있었다.

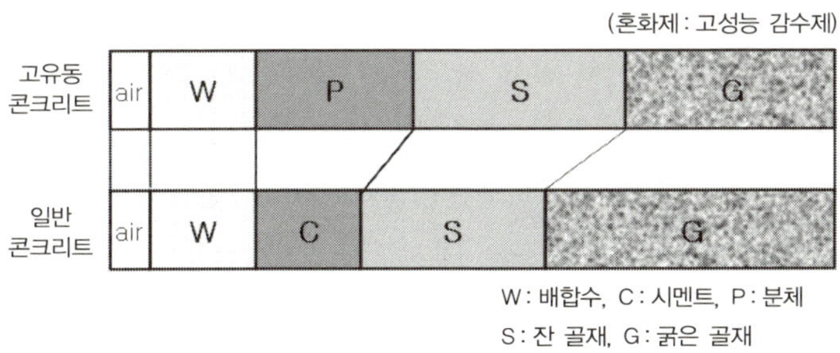

그림 1.9 **세계 최초의 고유동 콘크리트의 배합 설계 개념**

1.3.2 개발 및 사용 동향

동경대학에서 자기 충전형 고유동 콘크리트가 개발된 이후 일본은 물론 한국, 미국, 유럽 등 전 세계적으로 큰 반향을 일으켰고, 각국 실정에 맞는 고유동 콘크리트 기술을 개발하게 되었다. 표 1.2는 각국에서 고유동 콘크리트의 개발 및 적용 현황에 대하여 정리한 것이다.

일본에서는 대학, 기업 및 연구 기관 등에서 다양한 고유동 콘크리트가 개발되었고 실제 구조물에 적용되기 시작하였다. 2000년대 초반까지 콘크리트와 관련된 각종 학술발표회에서 고유동 콘크리트에 관한 발표 논문이 가장 많았으며 특히 건설회사의 관심이 집중되었다. 1991년에 일본콘크리트공학협회(JCI)에서 고유동 콘크리트 위원회가 설치된 이래, 일본토목학회(JSCE)[20] 및 일본건축학회(JASS)[21] 등 주요 학회에서도 고유동 콘크리트 관련 위원회가 설치되어 다양한 활동이 진행되었다. 1990년 중반부터 2000년대 초반까지 각종 학회 및 관련 협회에서 고유동 콘크리트 관련 지침이 발간되었고, 그 후 2002~2003년에는 일본토목학회 및 일본건축학회에서 콘크리트 표준시방서에 고유동 콘크리트 부분이 제정되었다.

1993년도에는 아카시 대교의 앵커리지 등의 대형 프로젝트에 적용되면서 대형 교량의 정착, LNG 탱크의 저판과 측벽, PC 사장교의 주탑 주형, 암거 등의 토목 구조물을 비롯하여 대형 기초, 고층빌딩, 개구가 많은 건축 구조물 및 고강도 지하 연속벽과 강·콘크리트 샌드위치 합성구조 또는 콘크리트 충전형 강관 기둥 등의 구조물, 그리고 각종 프리캐스트 제품에도 적용되고 있다. 2001년도에 일본의 시멘트 신문사가 건설회사, 시멘트 회사 및 콘크리트 제품 회사 등을 대상으로 고유동 콘크리트의 시공·출하 실적을 조사한 결과를 나타낸 그림 1.10에 따르면 그 양은 현장 타설 공사에서 26만 m^3을 기록한 1997년도에 최고치에 도달한 이후 대형 공사의 종료 등으로 사용량은 감소하였다. 특히 1999년도의 현장 타설량은 최고치의 약 60퍼센트의 수준까지 떨어졌으나 그 후 다시 회복되고 있으며, 2001년 이후 연간 약 40~50만 m^3의 고유동 콘크리트가 생산되는 것으로 추정되고 있으나, 일본에서는 향후 대형 공사 프로젝트가 많지 않으므로 고유동 콘크리트를 적용할 수 있는 양은 크게 증가하지 않을 것으로 추측된다[9].

미국과 유럽에서도 1990년 후반부터 고유동 콘크리트에 대한 연구가 착수되어 RILEM[11], NIST 및 ACI[7] 등에서 관련 위원회가 설치되어 학술발표, 기술동향 보고서 등을 발간하고 있다. 북아메리카에서는 특히 프리캐스트 콘크리트 산업에서 고유동 콘크리트의 사용이 급증하였고, 미국에서는 2000년 이후 프리캐스트 콘크리트 공장에서 본격적으로 고유동 콘크리트가 사용되기 시작하였다. 미국의 프리캐스트 콘크리트 시장에서 고유동 콘크리트가 차

표 1.2 고유동 콘크리트의 개발사

연도	일본	한국	미국, 유럽
1986	• 동경대학 오카무라 교수팀에서 고유동 콘크리트 연구 착수		
1988	• 세계 최초로 고유동 콘크리트 개발		
1989 ~1990	• 공개 실험 • 실제 적용		
1992 ~1993	• JCI 초유동 콘크리트 연구위원회 (~1994.3) • 아카시 대교 앵커리지 4A 타설 (~1994.5, 24만m^3)	• KCI 주관 고성능 콘크리트 관련 국제 워크숍 개최 • KCI 학회지 고유동 콘크리트 소개	
1994 ~1995	• JSCE 고유동 콘크리트 위원회 (~1996.10)	• 대학, 기업 등에서 본격적인 연구 착수 • 국책과제로 "초유동 콘크리트의 개발 및 실용화 연구" 주관 대우 • 삼성건설 CFT에 적용	
1996 ~1997	• JASS "고유동 콘크리트의 재료·조합·제조·시공지침(안)" 발간		• RILEM TC 174 위원회 설치 • 스웨덴에서 고층빌딩에 적용
1998 ~1999	• JSCE "고유동 콘크리트 시공지침" 발간 • 전국레미콘공업조합 "고유동(자기충전) 콘크리트 제조 매뉴얼" 발간	• 대구, 인천지하철 적용 (대우건설) • 도곡동 타워팰리스 적용 (삼성건설, ~2003) • 인천 LNG 인수기지에 적용(대우건설)	• Khayat & Aiticin 교수 등 고유동 콘크리트 연구 착수 • 미국 NIST에서 고성능 콘크리트의 시공성 평가 방법 연구
2000 ~2001	• JSCE "자기 충전형 고강도·고내구성 콘크리트 구조물·시공지침(안)" 발간		• RILEM TC 174 위원회 기술현황 보고서 발간 • 미국 프리캐스트에 적용 (135만m^3)
2002 ~2003	• JSCE, JASS 콘크리트 표준시방서에 고유동 콘크리트 제정		• 미국 프리캐스트에 적용 (185만m^3, 전체에 40%)
2004 ~2005		• 건축공사표준시방서, 토목공사표준일반시방서에 고유동 콘크리트 제정 • 국토해양부 CTRM과제 '고성능·다기능 콘크리트 연구단'에서 고유동 콘크리트 실용화 연구 착수(주관 대우건설) • 버즈 두바이 빌딩에 적용(삼성건설, ~2009)	
2006 ~2009		• 국토해양부 제정 콘크리트 표준시방서에 고유동 콘크리트 제정 (2009)	• ACI 237R-07 위원회 보고서 발간

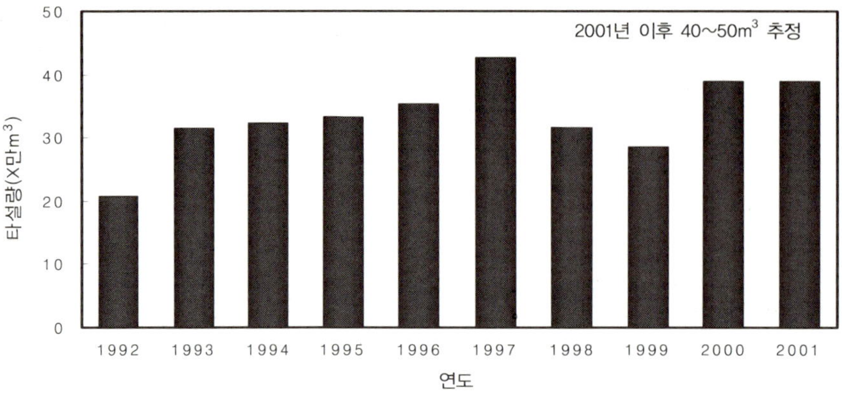

그림 1.10 **일본에서 고유동 콘크리트의 타설량 추이**

지하는 비율은 2000년에 13.5만 m^3이었다가 2003년에 180만 m^3로 증가하였고, 또한 미국의 프리캐스트 콘크리트 제조업자의 40 퍼센트 정도가 고유동 콘크리트를 사용하고 있다. 그러나 현장 타설용 고유동 콘크리트는 2002년 기준으로 10만 m^3로 프리캐스트 콘크리트용에 비해 상당히 적은 양이 적용되고 있으나, 향후 타설량은 점차 증가할 것으로 판단된다. 한편 스위스 및 스웨덴 등 유럽에서도 최근 교량 교대와 교각, 터널 구간, 주차장, 옹벽 등에 고유동 콘크리트를 적용하고 있으나, 아직은 미비한 실정이다.

우리나라에서는 1990년대 초반에는 고성능 콘크리트 관련 워크숍 개최 및 콘크리트학회를 비롯한 관련 학회 학술지에 일본의 고유동 콘크리트 소개[1, 3]등으로 관심을 가지면서 대학 및 관련 기관에서 연구가 시작되었고, 1995년에는 건설교통부(현재 국토해양부)의 과제로 '초유동 콘크리트의 개발 및 실용화 연구'가 착수되는 등 본격적인 연구가 시작되었다. 1995 ~ 1999년 사이에는 대형 건설사를 위주로 하여 강합성 기둥(CFT), 고층빌딩 및 경기장의 기초 부분, 지하철 등에 적용되기도 하였다. 그리고 산학연에서 꾸준한 연구 활동으로 고유동 콘크리트의 재료, 배합 및 시공 기술이 발전하게 되었으며, 삼성건설은 그동안 연구 및 적용실적을 토대로 세계 최고 빌딩인 UAE Dubai Burj 타워(Dubai Mall) 건설 수주에 성공하여 고유동 콘크리트 적용을 통해 초고층 압송으로 160층(808 m) 건설에 성공하게 되었다. 또한 2004년부터 대한건축학회 및 대한토목학회에서 표준시방서에 고유동 콘크리트 부분이 제정되었고, 한국콘크리트학회에서도 2009년 콘크리트 표준시방서에 고유동 콘크리트를 제정하여 일선 기술자를 대상으로 교육을 실시한 바 있다. 향후 국내에서는 장대교량, 고층빌딩, 터널, 항만 및 에너지 저장 시설 등 많은 대형 공사가 계획되고 있기 때문에 고유동 콘크리트 적용 실적은 크게 증가할 것으로 예상된다.

1.4 용어

○ 간극 통과성(passing ability)

굳지 않은 콘크리트가 진동 다짐 작업을 실시하지 않더라도 자중만으로 철근 간격 등의 협소한 부분을 재료 분리를 일으키지 않고 통과하는 성능.

○ 결합재(binder)

물과 반응하여 콘크리트의 강도 발현에 기여하는 물질을 생성하는 것의 총칭으로서 시멘트 및 시멘트와 고로 슬래그 미분말, 플라이 애쉬, 실리카 퓸, 메타 카올린 등의 수경성 무기질 분말의 혼합물.

○ 반죽질기(consistency)

주로 수량의 다소에 의해 좌우되는 굳지 않은 콘크리트의 변형 또는 유동에 대한 저항성으로서 주로 배합수의 양에 의해 좌우됨. 일반 콘크리트는 일반적으로 슬럼프 시험에 의해 판정되지만, 고유동 콘크리트는 슬럼프 플로 시험에 의해 판정됨.

○ 분체(powder)

시멘트, 고로 슬래그 미분말, 플라이 애쉬 및 실리카 퓸 등과 같은 반응성을 가진 것과 석회석 미분말과 같은 반응성이 없는 무기질 미분말 혼합물의 총칭.

○ 소성 점도(plasticity viscosity)

굳지 않은 콘크리트, 굳지 않은 모르타르, 굳지 않은 시멘트 페이스트를 Bingham 유체로 나타내는 유변학 정수의 한 종류로, 단위 유동 속도를 변화시키기에 필요한 작용 응력의 변화 크기로서 전단응력과 전단속도 사이의 비례상수.

○ 슬럼프 플로(slump flow)

KS F 2594에 의거 슬럼프 플로 시험을 실시하고 난 후 원형으로 넓게 퍼진 콘크리트의 지름(최대 직경과 이에 직교하는 직경의 평균)으로 굳지 않은 콘크리트의 유동성을 나타낸 값.

○ 슬럼프 플로 도달 시간(reaching time of slump flow)

슬럼프 플로 시험에서 소정의 슬럼프 플로에 도달(일반적으로 500 mm)하는 데 걸리는 시간.

○ 워커빌리티(workability)

재료 분리를 일으키는 일 없이 혼합, 운반, 타설, 다지기, 마무리 등의 작업이 용이하게 될 수 있는 정도를 나타내는 굳지 않은 콘크리트의 성질 또는 반죽질기에 따른 작업의 난이도와 균질한 콘크리트를 제조하는 데 필요한 재료의 분리에 저항하는 정도를 나타내는 굳지 않은 콘크리트의 성질.

○ 유동성(fluidity)

중력이나 밀도에 따라 유동하는 정도를 나타내는 굳지 않은 콘크리트의 성질로서 단위수량, 사용 재료의 입자 형상, 골재 입자 사이의 마찰, 감수·증점 작용을 갖는 혼화 재료의 종류 및 사용량 등에 영향을 받음. 유동을 발생시키는 데 필요한 최소한의 응력(항복값)과 유동 중의 속도에 비례하여 증가하는 저항성을 나타내는 점성(소성 점도)에 의해 평가.

○ 유변학(rheology)

유체, 탄성체, 소성체 및 점탄소성체의 변형과 유동 문제를 다루는 물리학의 한 분야로서 특히 고유동 콘크리트의 굳지 않은 성상을 이해하는 데 중요함. 고유동 콘크리트에서는 Bingham 유체를 도입하여 다음과 같이 전단응력을 나타냄.

$$\tau = \tau_0 + \mu_p \cdot \gamma$$

여기서, τ는 전단응력, τ_0는 항복응력, μ_p는 소성 점도, γ는 전단속도

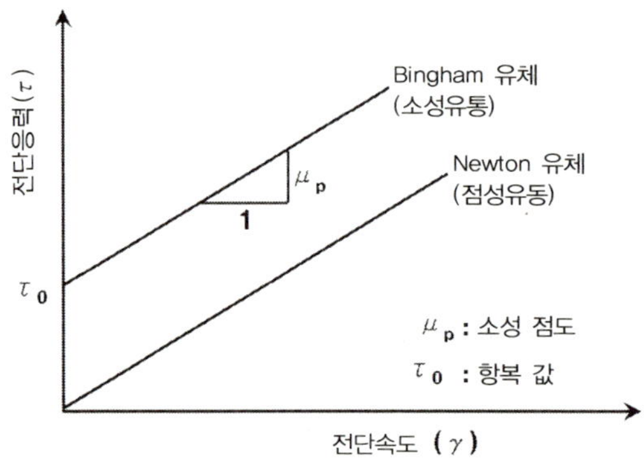

그림 1.11 **유변학 곡선**

○ 자기 충전성(self-compacting ability)

콘크리트를 타설할 때 다짐 작업 없이 자중만으로 철근 등을 통과하여 거푸집의 구석구석까지 균질하게 채워지는 정도를 나타내는 굳지 않은 콘크리트의 성질.

○ 재료 분리 저항성(resistance to segregation)

중력이나 외력 등에 의한 재료 분리 작용에 대하여 콘크리트 구성 재료 분포의 균질성을 유지시키려는 굳지 않은 콘크리트의 성질.

○ 점성(viscosity)

유체의 흐름에 대한 저항을 말하고, 운동하는 액체나 기체 내부에 나타나는 마찰력이기 때문에 내부 마찰이라고도 하며, 액체의 끈끈한 성질임. 콘크리트의 점성이 높으면 재료

분리 저항성이 높아지지만, 유동 저항이 크게 되기 때문에 유동성은 저하됨.

○ 증점제(viscosity-modifying agent)

굳지 않은 콘크리트의 재료 분리 저항성을 증가시키는 작용을 갖는 혼화제

○ 항복응력(yield stress), 항복 값(yield value)

굳지 않은 콘크리트, 굳지 않은 모르타르, 굳지 않은 시멘트 페이스트를 Bingham 유체로 나타내는 유변학 정수의 한 종류로 재료를 유동시키기 위해 필요한 최소한의 응력으로서, 이 값 이하에서는 혼합물에 어떠한 변화도 발생하지 않기 때문에 유체 흐름도 발생하지 않음.

02 장

고유동 콘크리트의 사용 재료, 배합 및 제조 방법

2.1 사용 재료

고유동 콘크리트는 그 종류에 따라 다양한 재료를 사용하지만, 사용되는 재료는 품질이 양호한 것이어야 한다. 그리고 한국산업규격(KS) 및 한국콘크리트학회 규준에 품질 규격이 정해져 있지 않은 재료를 이용하는 경우에는 경화 콘크리트의 소요 성능 및 자기 충전성을 만족하는 것을 확인해야 한다.

2.1.1 시멘트

시멘트는 KS L 5201(포틀랜드 시멘트), KS L 5210(고로 슬래그 시멘트), KS L 5211(플라이 애쉬 시멘트)의 표준에 적합한 것이어야 한다.

포틀랜드 시멘트 중 보통 포틀랜드 시멘트는 일반적으로 고유동 콘크리트에 가장 많이 사용되고 있고, 조강 포틀랜드 시멘트는 고강도 콘크리트 및 한중 콘크리트에 적용되며, 중용열 포틀랜드 시멘트는 보통 포틀랜드 시멘트와 저열 포틀랜드 시멘트의 중간적 성질을 갖는 고유동 콘크리트에 사용되어진다. 저열 포틀랜드 시멘트(고벨라이트계 시멘트)는 낮은 물-결합재비에 있어서 높은 유동성 및 강도 발현성을 발휘함과 동시에 수화 발열량이 작은 특성을 가지고 있어 고강도 및 저발열성이 요구되는 고유동 콘크리트에 사용되고 있다.

고로 슬래그 시멘트 2종 및 플라이 애쉬 시멘트 2종은 분체량을 감소하지 않고 수화 발열량을 감소시키기 쉬운 경우의 고유동 콘크리트에 사용되고 있으며, 알칼리 골재 반응 억제 대책 및 매스 콘크리트 또는 장기강도가 필요한 경우 등에 적용되고 있다.

고유동 콘크리트에 사용 실적이 있는 보통, 조강, 중용열 및 저열 포틀랜드 시멘트 또는 고로 슬래그 시멘트 2종 및 플라이 애쉬 시멘트 2종을 사용하는 경우, 기존의 연구 성과나 시공 실적에서 굳지 않은 콘크리트 및 경화 콘크리트의 성상은 어느 정도 예측이 가능하다. 그러나 기타 종류의 시멘트를 사용하는 경우나 기존의 연구 성과나 시공 실적에서 콘크리트의 성상을 예측하는 것이 곤란한 경우는 공사에 사용하는 시멘트와 각 재료를 사용하여 콘크리트의 시험 비빔을 행하여 그 성상을 미리 확인하는 것이 필요하다.

2.1.2 골재

고유동 콘크리트에 사용되는 골재는 KS F 2526(콘크리트용 골재), KS F 2527(콘크리트용 부순 골재), KS F 2534(구조용 경량 골재), KS F 2543(콘크리트용 동 슬래그 골재), KS F 2544(콘크리트용 고로 슬래그 골재), KS F 2573(콘크리트용 순환 골재), KS F 2583(콘크리트용 연 슬래그 골재),KS F 2790(콘크리트용 페로니켈 슬래그 잔 골재)의 표준에 적합한 것으로 해야 한다. 2종 이상의 골재를 혼합해서 고유동 콘크리트에 사용하는 경우의 혼합 입도는 KS F 2526, 혼합 입형은 KS F 2527의 표준에 적합해야 하고, 혼합 전 각 골재의 품질은 해당 KS 규격의 품질 규정을 만족해야 한다.

고유동 콘크리트에 사용되는 굵은 골재 최대 치수 및 골재량은 굳지 않은 콘크리트의 통과 성능과 안정성에 영향을 미치는데, 굵은 골재 최대 치수 및 골재량이 증가할수록 골재 입자끼리의 상호 맞물림에 의한 막힘 현상이 현저히 증가할 수 있다. 일반적으로 고유동 콘크리트가 사용되는 경우는 철근량이 많은 구조물에 사용되기 때문에 최대 치수 40 mm의 굵은 골재는 사용하지 않고 25 mm, 20 mm 또는 15 mm를 주로 사용하며, 프리캐스트 콘크리트 및 강관 충전형 고유동 콘크리트로 사용할 경우는 15 mm의 굵은 골재를 사용하는 것이 바람직하다. 굵은 골재량은 콘크리트의 절대 용적에 대하여 28 ~ 32 퍼센트 범위이어야 하며, 골재의 막힘 현상과 통과 성능이 문제가 없을 경우에는 전체 굵은 골재의 비율을 증가시킬 수 있다. 고유동 콘크리트에 사용되는 잔 골재에 포함된 미세 입자(0.08 mm 체 통과 입자)는 결합재와 같은 분체로서 작용하여 소성 점도에 영향을 주며, 조립률이 큰 잔 골재를 사용할 경우에는 점성이 저하됨에 따라 재료 분리 저항성이 저하되고 동시에 간극 통과성이 저하되는 경향이 있으며, 조립률이 작은 잔 골재를 사용할 경우 혼합 후의 슬럼프 플로 경시 변화가 크게 되는 경향이 있다.

2.1.3 혼화 재료

혼화 재료는 KS F 2560(콘크리트용 화학혼화제), KS F 2563(콘크리트용 고로 슬래그 미분말), KS F 2567(콘크리트용 실리카 퓸), KS L 5405(플라이 애쉬), KCI-AD101(콘크리트용 유동화제 품질 규격)의 표준에 적합한 것으로 한다.

1) 혼화재

(1) 고로 슬래그 미분말

고로 슬래그 미분말은 비결정질의 유리질 재료로서 시멘트의 수화반응 후 수화물을 생성하여 경화하는 잠재 수경성 분말이다. 고유동 콘크리트에 고로 슬래그 미분말을 포틀랜드 시멘트의 대체제로 사용할 경우에는 고유동 콘크리트의 유동성의 개선, 장기강도의 증진, 수화 발열 속도의 지연, 화학 저항성의 개선 및 알칼리 골재 반응의 억제 등 우수한 성능이 나타난다. 고유동 콘크리트에 고로 슬래그 미분말을 사용할 경우, 표 2.1에 나타낸 KS F 2563(콘크리트용 고로 슬래그 미분말)에 따라 적절한 분말도 및 화학 성분을 선택하

표 2.1 고로 슬래그에 대한 품질 규정

품질		종류		
		고로 슬래그 미분말		
		1종	2종	3종
밀도 (g/cm^3)		2.80 이상	2.80 이상	2.80 이상
비표면적 (cm^2/g)		8,000~10,000	6,000~8,000	4,000~6,000
활성도 지수 (%)	재령 7일	95 이상	75 이상	55 이상*
	재령 28일	105 이상	95 이상	75 이상
	재령 91일	105 이상	105 이상	95 이상
플로 값 비 (%)		95 이상	95 이상	95 이상
산화마그네슘(MgO)(%)		10.0 이하	10.0 이하	10.0 이하
삼산화황(SO_3)(%)		4.0 이하	4.0 이하	4.0 이하
강열 감량 (%)		3.0 이하	3.0 이하	3.0 이하
염화물 이온 (%)		0.02 이하	0.02 이하	0.02 이하

* 이 값은 인수·인도 당사자 사이의 협정에 의해 변경할 수도 있다.

여 고유동 콘크리트에 적용해야 한다.

(2) 플라이 애쉬

플라이 애쉬를 고유동 콘크리트의 분체로 사용할 경우, 고유동 콘크리트의 페이스트 내부에서 플라이 애쉬의 입자가 매끄러운 표면 입자를 통하여 구형 베어링 역할을 하므로 작업성과 슬럼프 플로를 증진시킨다. 고유동 콘크리트의 슬럼프 플로 값을 향상시키기 위한 포틀랜드 시멘트에 대한 치환 비율은 약 15~30 퍼센트이다.

고유동 콘크리트에 플라이 애쉬를 적절히 혼합하여 사용하면 콘크리트의 유동성의 개선, 온도 상승 저감, 장기 강도의 증진, 알칼리 골재 반응의 억제 등 우수한 효과를 보인다. 플라이 애쉬는 화력발전소의 조업 환경에 따라 미연소 탄소량의 변화가 심하기 때문에 경우에 따라서 고유동 콘크리트의 단위 수량을 증가시킬 수 있으며, 미연소 탄소분에 의한 고성능 감수제 및 AE제 등 화학 혼화제를 흡착하여 유동성 저하 및 연행 공기량을 감소시킬 수 있으므로 세심한 품질관리가 요구된다. 플라이 애쉬는 종류에 따라 고유동 콘크리트에 미치는 영향이 다르게 나타날 수 있으므로 표 2.2에 나타낸 KS L 5405(플라이 애쉬)의 품질 규격에 적합 것을 사용해야 한다.

(3) 실리카 퓸

실리카 퓸을 고유동 콘크리트의 분체로 사용할 경우, 실리카 퓸은 콘크리트 모재(matrix) 내 수분의 이동성을 감소시키는 실리카 퓸의 역할로 고유동 콘크리트의 안정성을 증가시

표 2.2 플라이 애쉬에 대한 품질 규정

항목 \ 종류		플라이 애쉬 1종	플라이 애쉬 2종
이산화규소 (%)		45.0 이상	45.0 이상
수분 (%)		1.0 이하	1.0 이하
강열 감량 (%)		3.0 이하	5.0 이하
밀도 (g/cm^3)		1.95 이상	1.95 이상
분말도	45 ㎛체 잔분 (망 체 방법)(%)	10 이하	40 이하
	비표면적(브레인방법) (㎠/g)	4,500 이상	3,000 이상
플로 값 비 (%)		105 이상	95 이상
활성도 지수 (%)	재령 28일	90 이하	80 이상
	재령 91일	100 이상	90 이상

표 2.3 실리카 퓸에 대한 품질 규정

품 질		요구조건
비표면적(BET측정법, ㎠/g)		150,000 이상
활성도 지수(%)	재령 7일	95 이상
이산화규소(SiO_2)(%)		85 이상
산화마그네슘(MgO)(%)		5.0 이하
삼산화황(SO_3)(%)		3.0 이하
염화물 이온(Cl^-)(%)		0.3 이하
강열 감량(%)		5.0 이하
45 ㎛체에 남는 양(%)		5.0 이하

킬 수 있으며, 5퍼센트 혹은 그 이하의 비교적 낮은 치환율로 고유동 콘크리트에 사용할 경우에는 소성 점도가 감소한다. 일반적으로 요구되는 실리카 퓸의 치환율은 크기, 형상 및 시멘트 입자의 분포에 의하여 영향을 받는다. 실리카 퓸을 고유동 콘크리트에 낮은 치환율로 혼합할 경우, 실리카 퓸의 작은 입경과 둥근 입형은 보다 큰 시멘트 입자 사이의 마찰을 저감시키며, 페이스트 모재의 윤활 작용을 하는 데 있어 중요한 요소로 작용한다.

고유동 콘크리트에 적정 비율로 실리카 퓸 사용 시 콘크리트의 고강도화 및 내구성의 향상에 기여하지만, 실리카 퓸은 형태, 분말도 및 화학성분에 의해 그 효과가 다르기 때문에 표 2.3에 나타낸 KS F 2567(콘크리트용 실리카 퓸)의 품질 규정에 적합한 것을 사용하도록 한다.

(4) 석회석 미분말

고유동 콘크리트에 석회석 미분말 등을 적절히 사용하면, 콘크리트의 유동성의 개선 및 수화열에 의한 콘크리트의 온도 상승을 적게 할 수 있다. 그러나 석회석 미분말은 무반응성 분체로 콘크리트의 강도 발현에 기여하지 않기 때문에 결합재로서는 취급하지 않는다. 석회석 미분말은 콘크리트용으로서의 규격이 없고, 채굴 지역 및 분쇄 방법에 따라 그 품질 변동에는 상당히 큰 폭이 있기 때문에 시험 배합을 통하여 굳지 않은 콘크리트의 유동성 및 경화 후 강도 발현 특성을 검토해야 한다. 고유동 콘크리트에 사용되는 석회석 미분말의 품질 규정은 아직 제정되어 있지 않지만, 표 2.4에 나타낸 품질 규격을 만족해야 양호한 고유동 콘크리트를 제조할 수 있다.

표 2.4 석회석 미분말에 대한 품질 규정

항 목		규정 값
비표면적 (㎠/g)		2 500 이상
압축강도비 (%)	7일	100 이상
	28일	
산화칼슘($CaCO_3$) (%)		90 이상
산화마그네슘(MgO)(%)		5.0 이하
삼산화황(SO_3)(%)		0.5 이하
산화알루미늄(Al_2O_3) (%)		1.0 이하
수분 (%)		1.0 이하
메틸렌블루 흡착량 (mg/g)		1.0 이하

2) 혼화제

(1) 고성능 감수제

고유동 콘크리트에 사용되는 고성능 감수제는 종래의 감수제보다 높은 성능을 가진 감수제의 의미로 사용되는데, 종래의 감수제와는 화학 구조를 달리하는 하나의 계면 활성제(시멘트 분산제)이다. 고성능 AE 감수제는 높은 유동성 부여 성능과 적절한 공기 연행성, 유동성의 유지 성능을 가진 화학 혼화제로서 감수제의 성분에 의해 나프탈렌계, 폴리카본산계, 멜라민계로 분류되어진다. 고성능 감수제를 고유동 콘크리트에 적용할 경우 고유동 콘크리트의 블리딩을 증가시키지 않고 점성을 최소로 하여 변형성을 증가시킨다. 고성능 감수제는 시멘트 입자의 물 중에서의 분산 효과가 크고 콘크리트의 감수율이 보통의 AE 감수제보다는 효과가 크지만 표면장력의 저하가 작고 기포 작용도 작으므로 연행 공기량이 작아짐에 따라 공기 연행제(AE제)의 병용이 필요하다. 또한 고유동 콘크리트에 필요한 변형성과 재료 분리 저항성과의 균형을 유지하기 위해서는 물-분체비(W/P)와 고성능 감수제의 사용량을 적절히 사용해야 하며, 고성능 감수제는 온도 또는 혼합 방법에 따라 효과가 상당히 다르기 때문에 온도 등의 환경 조건 및 혼합 조건, 혼합 후의 경과 시간에 따른 변화 등에 대해서도 검토하여 그 첨가량을 결정해야 한다.

(2) 증점제

증점제는 페이스트의 점성을 높임으로써 재료 분리저항성을 향상시키며, 콘크리트의 점도를 조절하는 역할을 한다. 고유동 콘크리트에 사용되는 증점제로는 셀룰로오스계, 아크릴계, 바이오 폴리머계 등으로 구분된다. 고유동 콘크리트에 증점제를 사용함에 따라 콘크리트의 점도가 높아짐으로써 잔골재의 표면수율, 조립률, 사용하는 결합재의 종류 또는 콘크리트 온도 등의 변화에 따른 슬럼프 플로의 변동을 적게 한다.

그러나 증점제와 고성능 감수제를 함께 사용하는 증점제계 고유동 콘크리트에서는 증점제와 고성능 감수제의 적합성을 먼저 고려해야 한다. 즉, 적합성이 맞지 않으면 슬럼프 플로의 손실이 증대될 뿐만 아니라 응집 현상이 발생하기 때문에 고유동 콘크리트의 유동성이 저하된다. 특히, 증점제의 분자량이 클수록 적합성의 관계는 명확히 나타나며, 적합성은 고성능 감수제의 화학 구조에도 밀접한 관계가 있다. 그림 2.1은 증점제계 고유동 콘크리트에 대해 고성능 감수제의 사용량과 슬럼프 플로의 관계를 증점제의 종류에 따라 검토한 결과이다[15]. 나프탈렌계 고성능 감수제와 셀룰로오스계 증점제를 함께 사용할 경우에는 적합성이 맞지 않아 고성능 감수제를 증가시키더라도 슬럼프 플로의 증가는 없는 것으로 나타났다.

아크릴계 증점제와 폴리카본산계 고성능 감수제를 함께 사용한 고유동 콘크리트에서 아크릴계 증점제의 사용량이 표준 첨가량보다 적을 경우에는 응집 현상이 발생하는 경향이 있기 때문에, 사전에 시험 배합으로 확인해야 한다.

따라서 증점제계 고유동 콘크리트는 증점제와 혼화제의 적합성을 고려하여 증점제의 특성 및 작용 효과를 함께 검토하여 배합을 선정하는 것이 매우 중요하다.

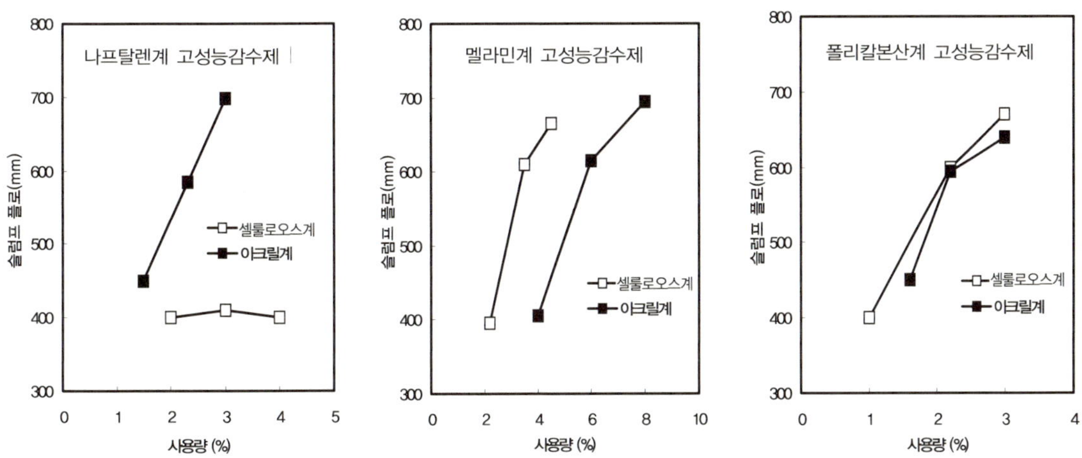

그림 2.1 **증점제와 고성능 감수제의 조합 사용 효과**

2.2 배합 설계

2.2.1 개요

고유동 콘크리트의 배합설계는 우선 고유동 콘크리트의 종류 중에서 적절한 것을 선정하여 설정된 요구 성능을 만족하도록 사용 재료 및 그 단위량을 정해야 한다.

2.2.2 ACI 배합설계

미국콘크리트학회(ACI)에서는 고유동 콘크리트의 배합설계에 대해 ACI Committee 237을 통하여 제시하였다[5]. ACI에서 고유동 콘크리트의 배합은 다음과 같이 3가지 방법으로 접근하고 있다.

- 다량의 분체량과 고성능 감수제 사용(분체계와 유사)
- 낮은 분체량과 고성능 감수제, 증점제 사용(증점제계와 유사)
- 적절한 분체량, 고성능 감수제, 적절한 증점제 사용(병용계와 유사)

시멘트는 포틀랜드 시멘트(ASTM C150) 및 혼합시멘트(ASTM C595) 등을 사용하도록 규정하고 있으며, 혼화재는 고로 슬래그 미분말, 플라이 애쉬, 실리카 퓸 그리고 석회석 미분말 등을 사용하도록 되어 있다. 배합 절차에 제시된 단계에서는 요구되는 성능을 발휘하기 위한 골재의 선정, 물-결합재 비, 모르타르의 비 등이 포함되어 있으며, 시험 배치에 의한 성능 평가를 실시하는 과정을 거쳐 배합설계가 최종적으로 이루어지게 된다. 다음은 ACI에서 제시된 배합설계 순서 및 배합비 작성에 대하여 기술하였다.

1 단계 : 요구 성능을 만족하는 슬럼프 플로 결정(표 2.5)

2 단계 : 굵은 골재와 배합비의 선정

3 단계 : 요구되는 결합재량과 배합수량 산출

4 단계 : 페이스트와 모르타르 부피 계산

5 단계 : 혼화제 선정

6 단계 : 시험 배합

7 단계 : 시험 실시. 고유동 콘크리트의 작업성은 슬럼프 플로, J-Ring 및 L-box와 같은 시험으로 평가한다.

8 단계 : 실험 결과에 기초를 두고 요구된 성능을 얻을 때까지 배치를 새로 실시하는 추가적인 실험 수행을 통하여 배합비를 조정해야 한다.

표 2.5 슬럼프 플로 목표 값[6)]

			슬럼프 플로		
			< 550 mm	550 ~ 650 mm	> 650 mm
부재특성	보강 수준	낮음			
		보통	■		
		높음	■		
	부재의 형상	낮음			
		보통	■		
		높음	■	■	
	표면 마감 중요성	낮음			
		보통	■		
		높음	■	■	
	부재의 길이	낮음			
		보통	■		
		높음	■	■	
	벽 두께	낮음	■	■	
		보통	■		
		높음			
	타설 에너지	낮음	■	■	
		보통	■		
		높음			

1) 굵은 골재 사용량

ACI에서 제시된 배합설계에서는 소요의 성능을 만족하기 위하여 고유동 콘크리트에 사용되는 재료의 사용량 및 배합비에 대한 범위를 설정하였다. 철근 사이의 빈 공간을 흐르면서 통과하는 통과 성능은 굵은 골재 최대 치수와 굵은 골재 체적과 관련되어 있다. 굵은 골재 사용량은 굳지 않은 고유동 콘크리트가 양호한 안정성, 충전성 및 통과성을 가지면서 굵은 골재의 체적을 많게 하며, 최대 치수가 크게 하는 데 목적을 가지고 있다.

굵은 골재의 크기와 골재량에 영향을 미치는 요소는 ① 철근 간격 ② 골재 형상 ③ 굵은 골재의 입도가 있다. 고유동 콘크리트에 사용되는 굵은 골재 최대 치수(G_{max})에 따라 2가지($G_{max} \geq 12.5$ mm, $G_{max} < 12.5$ mm) 굵은 골재 함유량을 제안하였다. G_{max}가 12.5 mm 이상의 경우, 골재의 함유량을 결정하는 최초 시작 단계는 굵은 골재의 건조 밀도를 측정

하여 모든 콘크리트 체적의 50퍼센트는 굵은 골재의 체적으로 채워지게 한다. G_{max}가 12.5 mm 미만인 경우는 구조물에 철근이 밀집되어 있거나 타설 환경이 어려운 조건에서 사용되며, 시험 배합을 통하여 굳지 않은 콘크리트의 특성을 측정한 후 굵은 골재와 잔 골재의 혼합비를 조절한다.

2) 분체와 배합수 사용량

분체 및 배합수 사용량의 경우, 고유동 콘크리트에서 분체는 시멘트, 플라이 애쉬, 고로 슬래그 미분말 뿐만 아니라 석회석 미분말 등 0.125 mm 이하로 분쇄된 비시멘트계 재료도 포함한다.

보다 높은 슬럼프 플로와 재료 분리를 방지하기 위해서는 배합수나 분체의 양 혹은 양쪽 모두를 증가시킴으로써 페이스트양을 늘리는 것이 필요하다. 물-분체비가 일정하게 유지되고 있더라도 단위 수량의 증가는 분체량을 증가시키는 원인이 된다. 일반적으로 목표 슬럼프 플로가 증가하면, 표 2.6에 나타난 바와 같이 통과성, 안정성을 확보하기 위해서 분체의 요구 함량도 증가한다.

3) 페이스트와 모르타르 체적

표 2.7은 ACI에서 제시한 고유동 콘크리트의 배합비이다. 페이스트양은 시멘트와 기타 분체, 배합수, 혼합제 및 공기량이고, 모르타르 양은 페이스트양에 잔 골재 No. 8 체를 통과하는 재료의 양을 더한 값으로 정의하고 있으며, 페이스트 및 모르타르양은 콘크리트에 대하여 각각 34~40퍼센트 및 68~72퍼센트 범위로 제안하고 있다. 이러한 페이스트와 모르타르의 체적은 일반 콘크리트보다 일반적으로 더 높은 값으로서 페이스트 및 모르타르는 고유동 콘크리트의 유동성 및 굵은 골재를 운반해주는 역할을 하게 되며, 콘크리트의 충전성, 통과성 및 안정성을 전달하게 된다.

표 2.6 슬럼프 플로에 대한 분체량 범위

구 분	슬럼프 플로 (550 mm 이하)	슬럼프 플로 (550 ~ 600 mm)	슬럼프 플로 (650 mm 이상)
분체량 (kg/m^3)	335 ~ 385	385 ~ 445	458 이상

표 2.7 시험 혼합 고유동 콘크리트 배합

굵은 골재 절대량*	28 ~ 32% (굵은 골재 최대 치수는 12 mm)
페이스트 일부 (체적)	34 ~ 40% (총 혼합량)
모르타르 일부 (체적)	68 ~ 72% (총 혼합량)
W/B	0.32 ~ 0.45
일반 시멘트 (분체량)	386 ~ 475 kg/m^3 (증점제의 경우 더 낮음)

* 최대 50% (공칭 최대 치수 10 mm)

2.2.3 JSCE 배합설계

1) 일반적 사항

일본토목학회(JSCE)에서 고유동 콘크리트의 배합설계는 대상 구조물의 형상·치수 및 배근 상태에 따라 표 2.8에 나타낸 바와 같이 자기 충전성을 중심으로 규정하고 있다[14]. 여기서 자기 충전성 등급 2에 해당하는 시공 조건은 표 2.9에 나타낸 바와 같으며, 이러한 값들은 그 동안의 시공 실적에 의해 경험적으로 정해진 것으로 알려져 있다.

표 2.8 고유동 콘크리트의 자기 충전성 등급(일본토목학회)

자기 충전성 등급		등급 1	등급 2	등급 3
구조 조건	최소 철근 순 간격 (mm)	35 ~ 60	60 ~ 200	200 이상
	강재량 (kg/m^3)	350 이상	100 ~ 350	100 미만
	자기 충전성	복잡한 단면 형상, 단면 치수가 작은 부재	일반 철근 콘크리트 구조물	대단면, 배근량이 적거나 무근 구조물
U형 또는 박스형 충전 높이 (mm)		300 이상 (장해 R1)	300 이상 (장해 R2)	300 이상 (장해 없음)
단위 굵은 골재 절대 용적 (m^3/m^3)		0.28 ~ 0.30	0.30 ~ 0.33	0.32 ~ 0.35
유동성	슬럼프 플로 (mm)	600 ~ 700	600 ~ 700	500 ~ 650
재료 분리 저항성	유하 시간 (초)	9 ~ 20	7 ~ 13	4 ~ 11
	500 mm 플로 도달 시간 (초)	5 ~ 20	3 ~ 15	3 ~ 15

표 2.9 자기 충전성 등급 2에 해당하는 시공 조건

콘크리트를 타설할 때 자유 낙하 높이	5 m 이하
최대 수평 유동 거리	8 ~ 15 m 이하
유동 구배	1/10 ~ 1/30
펌프 압송	100 또는 125 mm 관, 300 m

2) 배합설계 순서

일본토목학회에서 고유동 콘크리트의 배합설계 순서는 그림 2.2에 나타낸 바와 같이 일반적으로 배합조건 검토 과정, 배합 검토 과정, 배합 확인 과정의 3단계로 구분된다. 배합조건 검토 과정은 구조물의 구조 조건 및 필요한 경우에는 시공 조건으로부터 요구 성능의 목표 값을 설정하는 과정이고, 배합 검토 과정은 초기 배합을 설정하는 과정이다. 일반적으로 콘크리트의 요구 성능, 제조상의 제약 조건 및 경제성 측면으로 적절한 고유동 콘크리트 종류를 선정하고 난 다음에 차례로 사용 재료, 각 재료의 단위량을 결정한다. 배합 확인 과정은 초기 배합이 요구 성능을 만족하는지에 대해 확인하고, 그 성능을 만족하지 않은 경우에는 배합 수정을 거치는 과정이다. 그리고 분체계, 증점제, 병용계 배합 순서는 거의 비슷하나, 배합 검토 과정에서 증점제의 사용 유무, 배합 확인 과정에서 분체계와 증점제는 재료의 품질 변동에 대한 굳지 않은 상태에서 요구 성능의 만족 여부에 대한 검토가 포함되지 않는 점 등이 차이가 있다.

3) 초기 배합 설정

(1) 굵은 골재 최대 치수 및 단위 굵은 골재 절대 용적

굵은 골재의 최대 치수는 20 mm 또는 25 mm를 표준으로 하고 자기 충전성 등급 3의 구조 조건의 경우에는 40 mm, 등급 1과 같이 현격히 간극 통과성이 요구되는 경우에는 10 mm 또는 15 mm를 사용하는 경우도 있다. 단위 골재 절대 용적은 자기 충전성, 내구성, 탄성계수 등을 고려하여 과거의 시공 실적에 근거하여 정하도록 되어 있으나, 자기 충전성 등급 1의 경우는 0.28 ~ 0.30 m^3/m^3, 등급 2의 경우에는 0.30 ~ 0.33 m^3/m^3, 등급 3의 경우에는 0.32 ~ 0.35 m^3/m^3가 추천되고 있다.

(2) 단위 수량, 물 – 분체 용적비, 단위 분체량

단위 수량, 물 - 분체 용적비, 단위 분체량은 고유동 콘크리트의 종류, 사용하는 분체 · 증점제의 종류 등을 고려하여 콘크리트의 요구 성능이 만족되도록 정할 필요가 있으나, 표

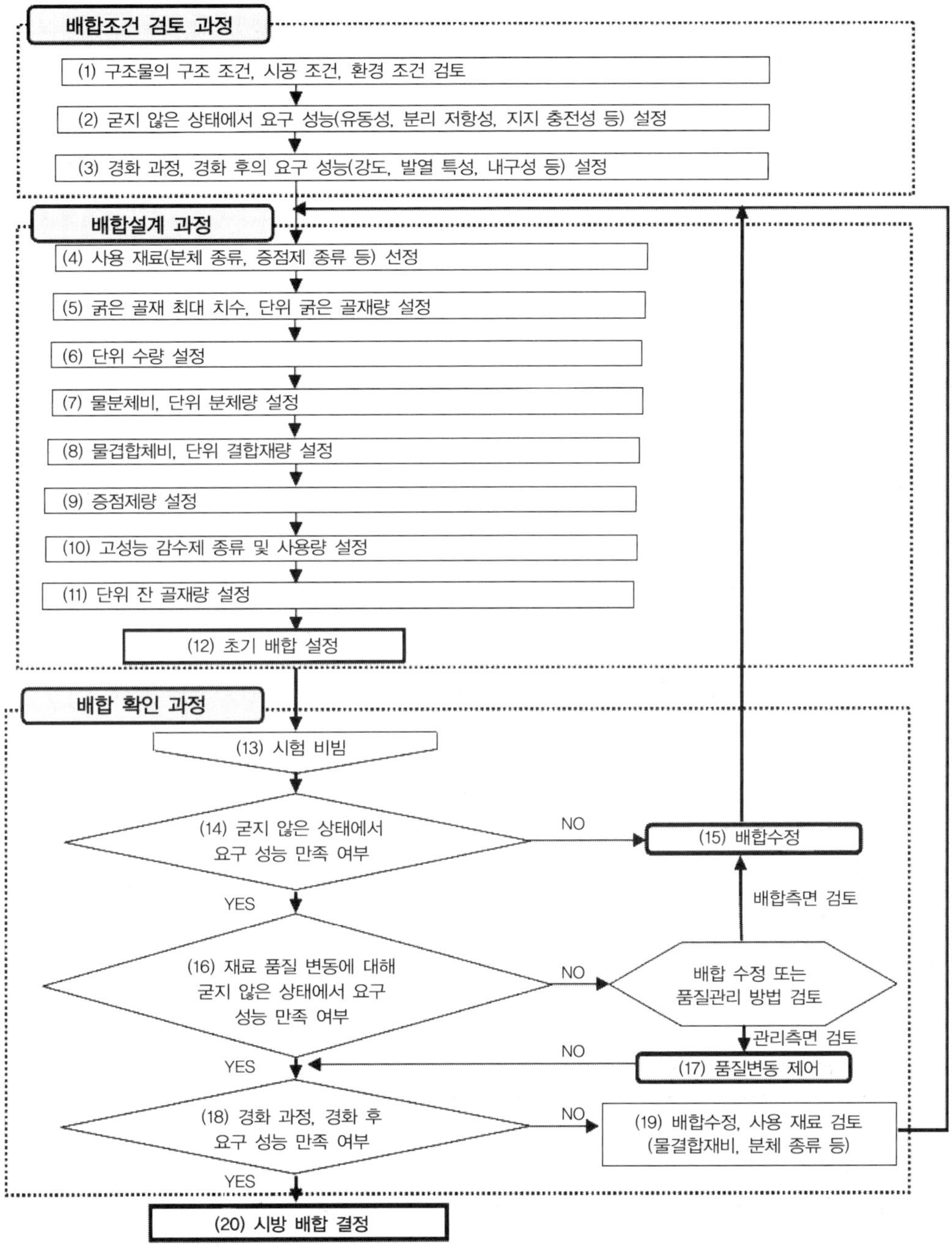

그림 2.2 고유동 콘크리트의 배합설계 순서(병용계)

표 2.10 단위 수량, 물-분체 용적비, 단위 분체량의 표준 값

항목 \ 종류	분체계	증점제계	병용계
단위 수량 (kg/m^3)	155 ~ 175	155 ~ 190	155 ~ 175
물-분체 용적비 (%)	85 ~ 115	85 ~ 180	80 ~ 115
단위 분체량 (m^3/m^3)	0.16 ~ 0.19	0.10 ~ 0.18	0.15 ~ 0.19

2.10에 고유동 콘크리트의 종류별로 시공 실적에 근거하여 표준 값을 추천하고 있다.

단위 수량은 경화 후 콘크리트의 품질에 미치는 영향이 크기 때문에 소정의 유동성을 얻는 범위 내에서 작게 하는 것이 바람직하며 일반적으로 155 kg/m^{3}에서 175 kg/m^{3}를 사용한다. 다만, 증점제계에서 사용하는 증점제와 골재의 종류 등에 따라 소정의 유동성을 확보하기 위해서는 단위 수량을 증가시키기 않으면 제조가 되지 않는 경우가 발생하기 때문에 조건부로 단위 수량의 상한 값을 높여서 설정하였다.

물-분체 용적비와 단위 분체량은 소정의 유동성 및 재료 분리 저항성을 확보하기 위해 고유동 콘크리트의 종류, 분체의 종류, 단위 수량 등에 따라 정해진다. 여기서 증점제계의 경우에는 증점제의 작용에 의해 단위 분체량이 감소하고 물-분체 용적비가 증가하는 특징이 있다.

(3) 물 – 결합재비

물-결합재비는 일반 콘크리트와 마찬가지로 강도, 내구성 및 수밀성 등 경화 콘크리트의 요구 성능이 만족되도록 정해진다. 다만, 분체계와 병용계와 같이 혼화재의 사용량이 많은 경우에는 표 2.11에 나타낸 바와 같이 최대 치환율을 추천하고 있다.

표 2.11 혼화재의 최대 치환율

혼화재 종류	최대 치환율
플라이 애쉬	시멘트의 30%까지 결합재로 인정
고로 슬래그 미분말	시멘트의 70%까지 결합재로 인정
플라이 애쉬 + 고로 슬래그 미분말	플라이 애쉬(FA) 및 고로 슬래그 미분말(BS)의 치환율이 다음 식을 만족하는 범위 내에서 결합재로 인정 (FA/30)+(BS/70) ≤ 1
실리카 퓸	시멘트의 15%까지 결합재로 인정

(4) 공기량

굳지 않은 콘크리트의 공기량은 일반적으로 4.5 퍼센트를 표준으로 하나, 증점제계의 배합에서 물-결합재비가 50 퍼센트를 초과하는 경우에는 1 퍼센트 정도 증가시키는 것이 바람직하다.

(5) 혼화제의 사용량

고성능 감수제의 적정 사용량은 종류, 제조회사, 배합에 따라 다르기 때문에 시험에 의해 정하는 것이 원칙이며, 또한 유동성의 유지 시간, 응결 시간도 고려하여 정할 필요가 있다. 증점제의 사용량은 적절한 재료 분리 저항성 및 안정된 품질이 얻어지도록 정하고 종류에 따른 일반적인 사용량은 표 2.12에 나타내었다.

4) 시방 배합 설정

앞에서 설정한 초기 배합에 대해 시험 비빔을 실시하여 그 품질이 굳지 않은 콘크리트의 요구 성능이 만족하는지 확인한다. 확인이 필요한 품질과 시험 방법은 제4장에 상세히 설명하였지만, ① 유동성은 슬럼프 플로 시험, ② 재료 분리 저항성은 각종 유하 시간 또는 500 mm 플로 도달 시간, ③ 자기 충전성은 U형 충전 시험 또는 박스형 충전 시험을 표준으로 하고 있다. 시험 비빔에서 소정의 성능이 얻어지지 않은 경우에는 배합 수정 및 재료 변경을 실시한다.

경화 콘크리트의 품질이 요구 성능을 만족하는지에 대해 확인하고 만족하지 않은 경우는 배합 수정과 재료 변경을 통하여 시방 배합을 결정한다.

표 2.12 증점제의 사용량 표준 값

종 류	사용량 표준
셀룰로오스계	W×(0.15 ~ 0.3) %
아크릴계	W×(3.0 ~ 5.0) %
글리콜계	W×(2.0 ~ 3.0) %
다당류 폴리머	0.15 ~ 1.5 kg/m^3
수용성 폴리사카라이드	W×0.05 %

2.2.4 JASS 배합설계

1) 일반적 사항

일본건축학회(JASS)에서 고유동 콘크리트의 배합설계는 시공성, 강도, 내구성 그리고 기타 필요한 성능을 만족하도록 규정하고 있으며, 시험 비빔을 실시하고 필요에 따라서 시험 운반·압송을 실시하여 정하고 있다[15].

2) 배합설계 순서

일본건축학회에서 고유동 콘크리트의 배합설계는 그림 2.3과 같은 순서로 하고 있다. 배합설계의 순서를 크게 구분하면 다음과 같다.

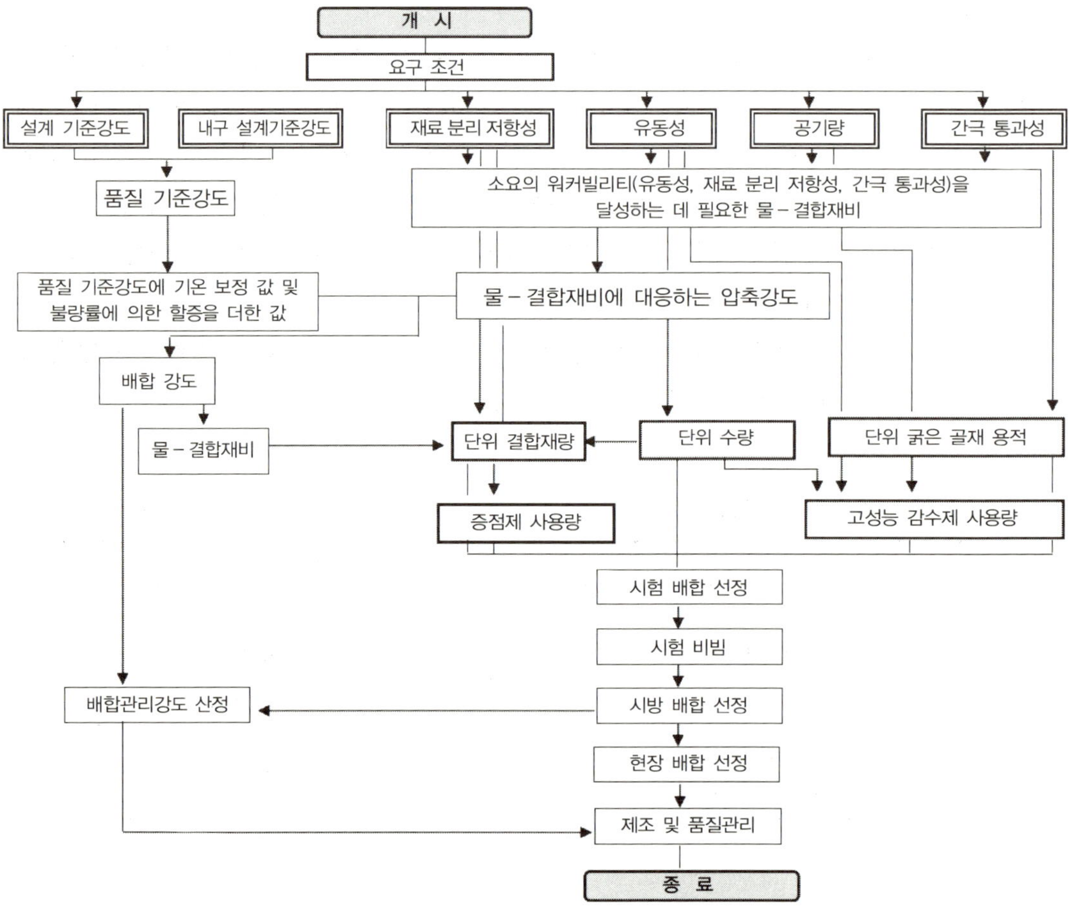

그림 2.3 **고유동 콘크리트의 배합설계 순서**

① 요구 조건을 고려하여 결합재의 종류 및 구성비, 증점제 사용 유무 등을 선정한다.
② 구조체 콘크리트의 강도가 설계 기준강도 및 내구 설계기준강도를 만족하도록 품질 기준강도를 정한다.
③ 소요의 워커빌리티를 달성할 수 있는 물-결합재비에 대응하는 압축강도를 구한다.
④ 상기의 품질 기준강도 및 물-결합재비에 대응하는 압축강도 모두를 만족하는 배합 강도를 구한다.
⑤ 배합 강도를 만족하는 물-결합재비를 구한다.
⑥ 소요의 워커빌리티가 얻어지는 단위 수량, 단위 결합재량, 혼화제(고성능 감수제 및 증점제)의 사용량을 정한다.
⑦ 소요의 충전성 및 간극 통과성을 달성하는 데 필요한 단위 굵은 골재의 용적을 구한다.
⑧ 시험 비빔을 실시하여 배합 수정을 통하여 시방 배합을 정한다.

3) 시험 배합 선정

(1) 목표 슬럼프 플로 및 공기량

고유동 콘크리트의 목표 슬럼프 플로는 구조물의 형상·치수, 배근 상태 및 시공 조건에 따라 표 2.13에 나타낸 바와 같이 550, 600 및 650 mm로 구분하고 있다.

콘크리트의 목표 공기량은 일반의 경우 4.5 퍼센트, 심하게 동결 융해 작용을 받을 우려가 있는 경우에는 5.5 퍼센트로 정하고 있다.

(2) 물-결합재비, 단위 수량 및 단위 용적 질량

물-결합재비는 배합 강도를 만족하도록 하고, 원칙적으로 50 퍼센트 이하로 정하고 있다. 다만, 소요의 품질을 만족할 수 있는 경우에는 55 퍼센트 이하로 할 수 있다. 그리고 물-결합재비의 산정에 필요한 결합재의 치환율은 표 2.14에 나타낸 바와 같다.

표 2.13 목표 슬럼프 플로

시공조건	슬럼프 플로 설계 값
부재단면이 크고, 배근량이 적고, 유동거리가 짧은 경우	550 mm
폐쇄공간, 약간 과밀한 배근, 단면이 작은 경우	600 mm
복잡한 단면형상, 과밀배근, 유동거리가 길 경우	650 mm

표 2.14 물 - 결합재비 산정에 있어서 결합재의 취급

결합재 종류	물 - 결합재비 산정에 필요한 결합재의 취급
플라이 애쉬	• 플라이 애쉬 시멘트로서 이용한 경우에는 B종(2종)까지 결합재로 취급 • 플라이 애쉬를 혼화재로 사용하는 경우에는 20%까지 결합재로 취급
고로 슬래그 미분말	• 고로 시멘트로서 이용한 경우에는 결합재로 취급 • 고로 슬래그 미분말을 혼화재로 사용하는 경우에는 60%까지 결합재로 취급
실리카 퓸	• 실리카 퓸을 혼화재로서 사용하는 경우에는 시멘트의 15%까지 결합재로 인정

단위 수량은 소요의 슬럼프 플로를 얻는 범위 내에서 가능한 적게 하고, 원칙적으로 175 kg/m^3 이하로 정하고 있다. 다만 타설 부위의 형상·치수, 배근 상태에 따라 필요한 유동성이 얻어지지 않은 경우에는 재료 분리 저항성 및 소요의 품질이 얻어지는지 확인한 다음에 185 kg/m^3 이하로 할 수 있다.

단위 굵은 골재 용적 질량은 소요의 간극 통과성이 얻어지도록 0.500 m^3/m^3 이상을 표준으로 하고 있다.

2.2.5 기타 배합설계

1) 동경대학[16)]

일본 동경대학교의 배합설계는 오카무라 및 오자와에 의하여 제안된 배합 방법으로 그림 2.4에 나타낸 절차에 의해 고유동 콘크리트의 배합설계를 실시하며, 주요 사항은 아래와 같다.

- 공기량은 외부 노출 상태에 의하여 결정된다.
- 굵은 골재량은 단위 굵은 골재 용적 50 퍼센트의 값을 가진다.
- 잔 골재량은 모르타르 체적의 50 퍼센트의 값을 가진다. 잔 골재 중 0.09 mm 이하는 분말로 구분한다.
- 물 - 분체비와 고성능 감수제 첨가량은 그림 2.5에 나타낸 것처럼 모르타르 플로 및 모르타르 V 로트의 유하 시간 시험으로 결정된다.
- 상대 플로 면적비(r_m) = (최종 면적 − 최초 면적) / 최초 면적
- 상대 유하 시간(Rm) = 10 / 유하 시간(sec)
- 고성능 감수제의 첨가량과 모르타르의 물 - 결합재비는 r_m 이 5일 때, Rm은 0.9 및 1.1

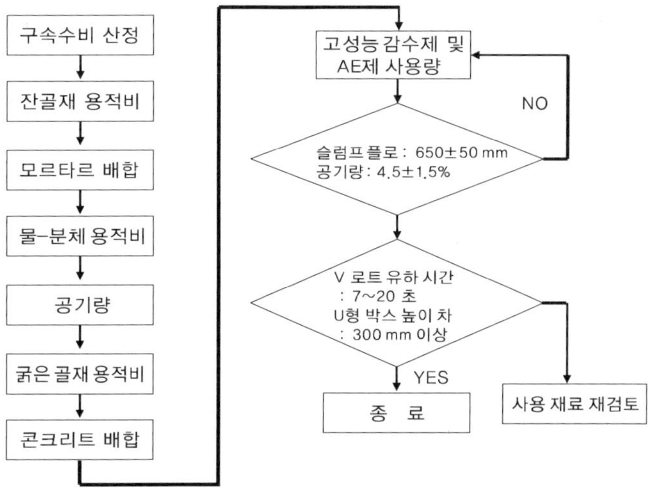

그림 2.4 고유동 콘크리트 배합 흐름도

사이로 조정한다.

- 상기 배합비는 고유동 콘크리트의 최초 시험 배합을 시작할 때 사용된다.
- 슬럼프 플로는 650 mm가 적당하며, 필요에 따라 목표 슬럼프 플로를 만족할 때까지 고성능 감수제를 첨가한다.
- 콘크리트의 경시 변화를 평가해야 한다.

2) Nan su의 배합설계[11)]

Nan su이 제시한 배합설계 방법은 먼저 골재의 양을 결정하고, 결합재의 페이스트는 콘크리트의 유동성, 자기 충전성 및 기타 요구되는 고유동 콘크리트의 성능을 확보하기 위하여 골재 사이의 공극을 채우는 방법으로 진행된다.

이 배합설계 방법에서 주요하게 고려할 사항으로는 느슨하게 쌓아올린 골재 구조의 공극에 결합재를 채우는 것이다. 일반적으로 고유동 콘크리트에서 다짐과 윤활 후에 골재의 용적비는 약 59 ~ 68 퍼센트이다. 이 배합설계에서 골재의 채움률(PF)은 느슨하게 채워진 상태에서 밀실하게 꽉 채워진 골재의 중량비로서 정의하고 있다. PF는 골재의 양에 영향을 미치며, 높은 PF 값은 굵은 골재와 잔 골재의 사용량이 증가하기 때문에 결합재의 사용량이 감소하게 된다. 즉, 낮은 PF 값은 콘크리트의 수축이 증가함으로써 결과적으로 더 많은 양의 결합재가 요구되기 때문에 재료비가 증가하게 된다. 따라서 고유동 콘크리트 특성들의 요구 사항과 동시에 경제성을 만족시키기 위해 배합설계 방법에서 최적의 PF 값을 선택하는 것이 중요하다. 제안된 배합설계 방법의 과정은 다음의 단계를 통하여 진행된다.

단계 1 : 굵은 골재와 잔 골재 양의 계산

단계 2 : 시멘트양의 계산

단계 3 : 시멘트에 의해 요구되는 배합수양의 계산

단계 4 : 플라이 애쉬와 고로 슬래그 미분말양의 계산

단계 5 : 고유동 콘크리트에 필요한 배합수양의 계산

단계 6 : 고성능 감수제 투입량의 계산

단계 7 : 고유동 콘크리트에 필요한 배합수양 조정

단계 8 : 고유동 콘크리트 특성에 대한 시험과 시험 배합

단계 9 : 배합비의 조정

3) 최적 PF 추정 방법에 의한 간편 배합설계

오카무라 교수 등이 제안한 고유동 콘크리트의 배합설계 방법은 그 배합 방법이 매우 까다롭고 복잡하며, 다양한 골재의 특성을 반영하기 어려운 문제점이 있다. 이에 Nan su는 PF를 도입하여 보다 간편한 배합설계 시스템을 제안하였다.

국내의 최연왕 등[13)]은 Nan su가 제안한 방법 중 주요 설계 변수인 PF의 범위가 1.10~1.30으로 최적의 PF를 단순히 예비 실험을 통하여 결정하게 되어, 이론적 가정의 모호성과 토착 재료의 사용 등으로 인하여 국내 실정에 적합하지 못함에 따라 국내 실정에 맞게 수정 및 보완하여 새로운 간편 배합설계 방법을 제안하여 사용하고 있으며, PF 결정식은 다음과 같다.

$$\mathrm{PF} = \frac{\mathrm{B}}{\mathrm{A}} \times \left(1 - \frac{\mathrm{S}}{\mathrm{a}}\right) + \frac{\mathrm{D}}{\mathrm{C}} \times \frac{\mathrm{S}}{\mathrm{a}} \tag{2.1}$$

여기서, A : 굵은 골재의 느슨하게 채워진 상태 단위 용적 질량 (kg/m^3)

B : 굵은 골재의 밀실하게 채워진 상태 단위 용적 질량 (kg/m^3)

C : 잔 골재의 느슨하게 채워진 상태 단위 용적 질량 (kg/m^3)

D : 잔 골재의 밀실하게 채워진 상태 단위 용적 질량 (kg/m^3)

S : 잔 골재 양 (kg/m^3)

a : 잔 골재율

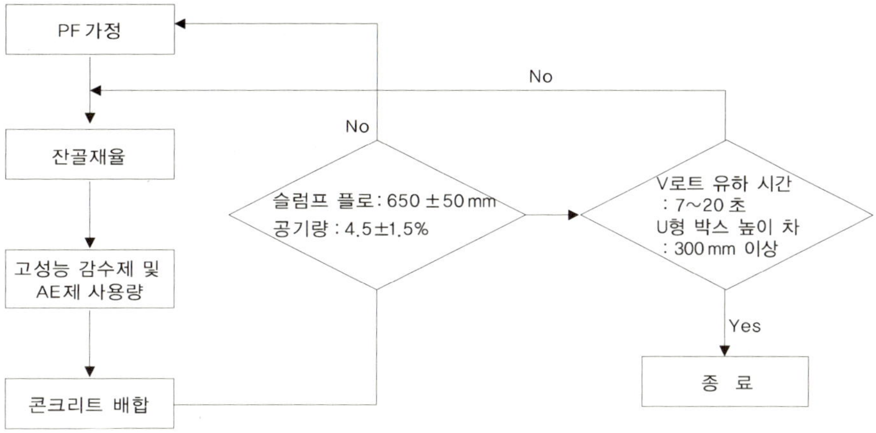

그림 2.5 **간편 배합설계 시스템의 순서도**

그림 2.5는 식 (2.1)에서 제시한 PF를 사용한 간편 배합설계 시스템의 순서도이다. 제안된 배합 방법을 사용할 경우, 골재의 품질 변동이 심한 국내 현장에서 변화되는 골재의 특성을 반영할 수 있는 장점이 있다.

2.3 제조 방법

고유동 콘크리트의 제조 및 관리는 소요 품질이 얻어지도록 적절히 제조 계획을 세우며, 계획에 준하여 제조가 실시되도록 관리를 적절히 해야 한다. 고유동 콘크리트는 일반 콘크리트와 비교하여 사용 재료 및 배합의 차이가 있을 뿐만 아니라, 특히 굳지 않은 콘크리트의 특성이 다르기 때문에 고유동 콘크리트의 제조에는 굳지 않은 콘크리트의 소요 품질이 얻어지도록 설비가 잘 정비된 플랜트에서 계량, 혼합 등의 공정이 적절히 실시되어야 하며, 기대되는 고유동 콘크리트의 특성이 실현할 수 있도록 적절한 품질관리가 실시되어야 한다.

2.3.1 제조

고유동 콘크리트 제조는 일반 레디믹스트 콘크리트 공장에서 제조할 경우에는 큰 문제가 없으나, 일률적인 특성을 가진 콘크리트를 항시 제조하기 위해서는 안정적인 재료의 품질 확보뿐만 아니라 제조 기술도 매우 중요하다. 고유동 콘크리트 제조 시 공장에서 출하

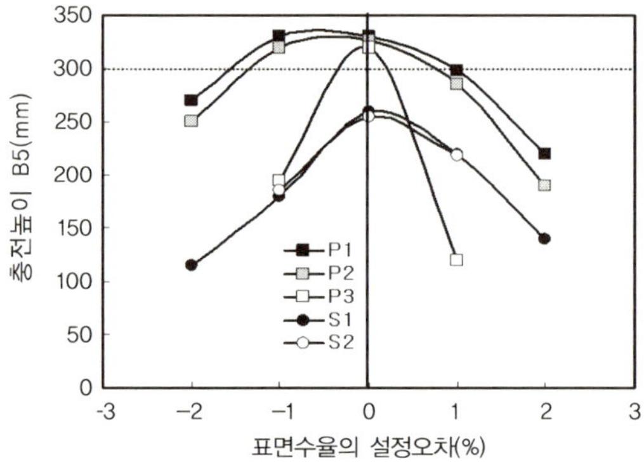

그림 2.6 **표면수율의 설정오차와 충전 높이의 관계**

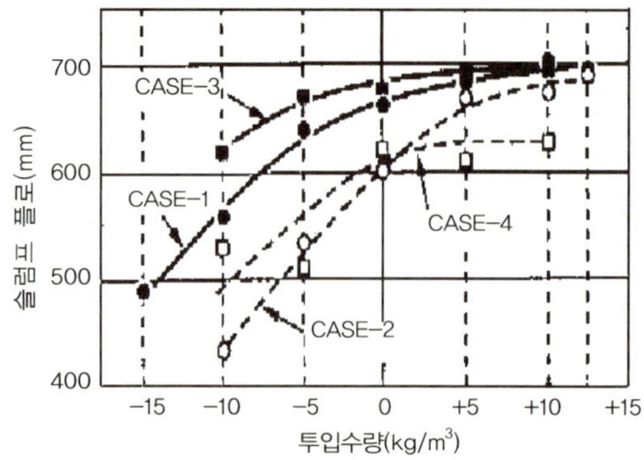

그림 2.7 **슬럼프 플로와 투입수량과의 관계**

될 때에는 높은 유동성 및 점성을 확보할 수 있도록 생산 관리하는 것이 중요하며, 제조된 콘크리트의 편차를 허용 범위 내에서 제어하기 위한 관리 시스템도 필요하다.

최적의 배합 계량과 배합의 절차는 고유동 콘크리트의 배합 비율을 시험하기 위해 결정할 필요가 있다. 배합물의 균질성을 확보하기 위해 혼합물을 생산하고 혼합물을 조절하는 작업은 시험 배치를 수행하는 것으로 안정적인 고유동 콘크리트를 제조하기 위해 중요한 조건이다. 고유동 콘크리트의 제조에 관한 세부적인 사항은 다음과 같다.

1) 골재의 표면수율

고유동 콘크리트는 일반 콘크리트에 비교하여 일반적으로 단위 수량에 의한 변동 영향을 받기 쉽기 때문에 안정한 품질의 고유동 콘크리트를 제조하기 위해서는 골재, 특히 잔골재의 표면수율 변동을 억제할 필요가 있다. 그림 2.6은 배합이 다른 분체계(P1, P2, P3) 및 증점제계(S1, S2) 고유동 콘크리트에 대해 잔 골재 표면수의 설정 오차와 박스 충전 시험(장해 철근 5개)의 충전 높이와의 관계를 나타내었다[19]. 그 결과, 잔 골재의 표면수율 +1 퍼센트의 설정오차(단위 수량 7~9 kg/m^3)에 따라 충전 높이가 30~200 mm 저하되고 있다. 슬럼프 150~210 mm의 일반 콘크리트 경우, 잔 골재의 표면수 오차 ±0.5 퍼센트에 대해 슬럼프는 ±15 mm 정도로 변동하는 것으로 알려져 있지만, 고유동 콘크리트의 경우에는 표면수가 동일한 오차에 대해 슬럼프 플로가 ±5 mm 정도 변동하는 것으로 나타났다(그림 2.7)[18]. 슬럼프 또는 슬럼프 플로에 대한 변동 비율은 거의 비슷하지만, 슬럼프 플로가 본래 큰 값이기 때문에 변동의 절대 값은 고유동 콘크리트가 크게 되어 시공성에 미치는 영향이 크다. 또한 재료 분리 저항성 및 간극 통과성 등은 골재의 입도 분포 및 실적률에 큰 영향을 받는다(그림 2.9)[20].

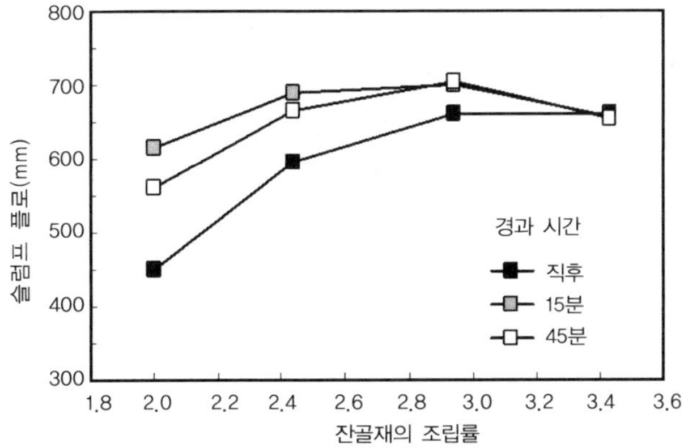

그림 2.8 **슬럼프 플로와 잔 골재의 조립률과의 관계**

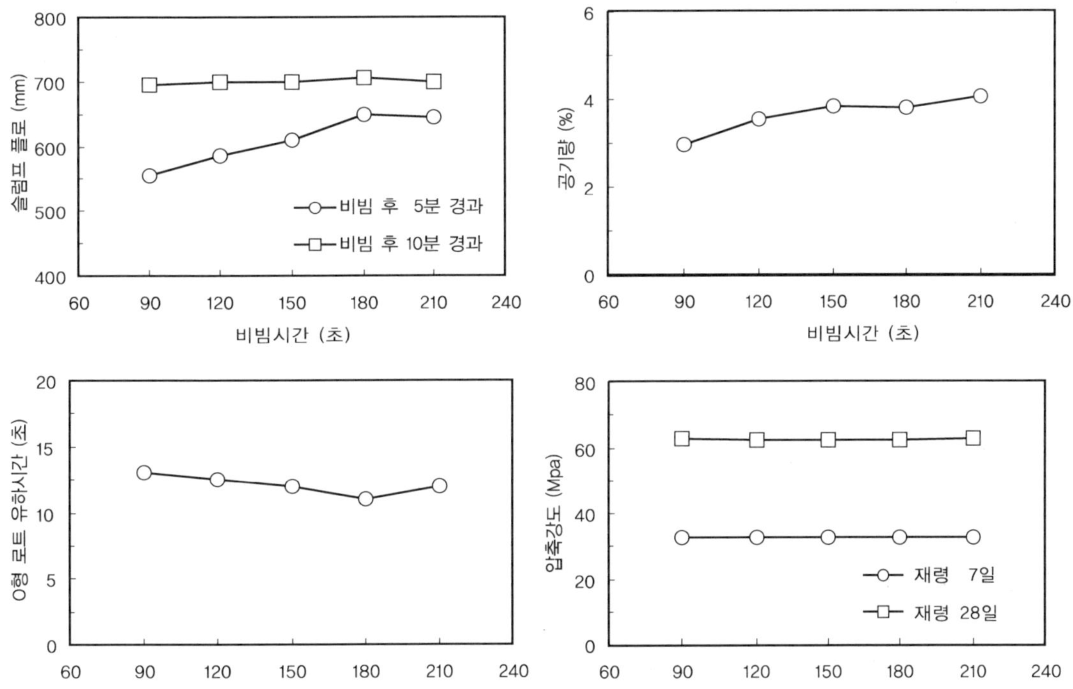

그림 2.9 **비빔 시간이 고유동 콘크리트의 품질에 미치는 영향**

2) 믹서 및 비비기

고유동 콘크리트는 일반 콘크리트와 비교하여 항복 값이 작으며 소성 점도가 큰 특징이 있기 때문에 소요 품질의 콘크리트를 얻기 위해서는 혼합 성능이 우수한 믹서를 사용해야 하고, 재료의 투입 순서, 혼합량, 혼합 시간 등을 시험 또는 기존 결과물을 토대로 적절히 정해야 한다. 비비기는 믹서의 최대 용량에 대해 80~90 퍼센트 정도로 하는 예가 많다. 비비기 성능은 비벼진 콘크리트를 사용하여 KS F 2455[믹서로 비빈 콘크리트 중의 모르타르와 굵은 골재량의 변화율(차) 시험 방법]에 의하여 시험을 수행하며, 모르타르의 단위 질량 차이가 8 퍼센트 이상 혹은 단위 굵은 골재량의 차가 5 퍼센트 이상이면 믹서의 구조가 적당하지 않거나, 믹서의 날개가 많이 닳았을 경우가 많다.

실내 시험 배합과 현장의 플랜트 배합에서는 믹서의 혼합 성능이 차이가 발생할 수 있기 때문에 굳지 않은 콘크리트의 특성이 다르게 나타날 수 있다. 보정은 일반적으로 고성능 감수제의 첨가량을 조정하여 실시하는 경우가 많다.

고유동 콘크리트는 고성능 감수제를 비교적 많이 사용하기 때문에 비빔 정도에 따라서 분체의 분산, 응집 상태가 변화하고, 제조 직후 굳지 않은 콘크리트의 성질이 변화될 뿐만 아니라 이후 경시 변화도 다를 수 있다. 비빔 시간은 비빔 정도에 따라 콘크리트 품질의 편차를 적게 하기 위해 분체가 균일하게 분산되도록 하고, 고성능 감수제의 성능이 충분히 발현되도록 결정할 필요가 있다. 그림 2.9는 비빔 시간이 고유동 콘크리트의 품질에 미치는 영향을 나타낸 것으로, 특히 슬럼프 플로에 영향을 미치는 것으로 나타났다.

또한 분체계 고유동 콘크리트는 잔 골재의 표면수율 및 입도 분포 변화에 따른 콘크리트의 유동성이 크게 변화하기 때문에 현장에서는 증점제를 병용함으로써 유동성에 미치는 영향을 최소화한 병용계 교유동 콘크리트 제조에 대하여 고려해야 한다. 병용계 고유동 콘크리트에 사용되는 증점제는 시멘트 입자에 전혀 흡착되지 않는 비흡착형 증점제 사용을 권장하며, 비흡착형 증점제를 고유동 콘크리트 사용 시 슬럼프 플로의 저하 방지와 함께 소성 점도를 자유롭게 변화가 가능하다.

2.3.2 재료 관리

골재입도 및 자유수 함유량 변동 등 재료 특성의 변화는 고유동 콘크리트의 성능에 상당한 영향을 미칠 수 있으며, 일반 콘크리트보다 제조 과정에서 사용 재료의 변동에 더욱 민감하다. 현장에 고유동 콘크리트 제공 시 같은 공급지에서 모든 원재료가 동일하게 공급되어야 하기 때문에 재료의 특성은 엄격히 관리되는 것이 중요하다. 사용 재료의 품질은 콘크리트의 제조 관리에서 중요한 위치를 차지한다. 재료 품질의 편차가 큰 경우에는 굳지 않은 콘크리트의 품질을 제어하는 것이 곤란해지기 때문이다.

분체 및 혼화 재료의 품질은 경화 시간 및 경화 후의 콘크리트 성능에도 영향을 미치나, 굳지 않은 콘크리트에 미치는 영향이 더욱 크게 나타났다. 시멘트 등의 분체는 일반적으로 콘크리트 중에 매우 작은 고체 입자로서 분체의 입도, 형상 및 표면 성상, 비빔 중 발생하는 초기 수화 정도가 굳지 않은 콘크리트의 특성에 영향을 미치게 된다. 잔 골재 중에 포함되어 있는 0.08 mm 이하의 미립분은 분체로 취급하는 경우도 있고, 잔 골재의 표면수율 변화는 굳지 않은 콘크리트 특성에 미치는 영향이 크기 때문에 관리가 매우 중요하다. 관리 방법은 대형 사일로를 이용하여 저장 중 물의 이동이 거의 없는 정도의 표면수율을 유지하고 표면수율의 변화를 ±0.5 퍼센트 정도의 범위로 관리하는 것이 바람직하다.

굵은 골재는 입형과 입도 분포의 양부가 굳지 않은 콘크리트의 충전성에 큰 영향을 미치므로 실적률을 관리하고, 표면수율의 관리는 1 퍼센트 정도 이하로 하며 체가름 시험을 통해 굵은 골재율을 관리할 필요가 있다. 입도의 변동을 제어하기 위해서는 굵은 골재를 큰 골재와 작은 골재로 구분하여 별도로 관리하는 것이 좋다.

고성능 감수제는 콘크리트의 분체 입자의 분산 상태를 변화시켜 유동성을 개선하는 화학 혼화제로서, 고유동 콘크리트에는 반드시 사용된다. 분체와 잔 골재의 특성에 따라 그 효과가 다를 수 있으며, 비빔 방법 또는 온도의 영향에 주의해야 한다.

03 장

고유동 콘크리트의 특성

3.1 굳지 않은 콘크리트의 특성

3.1.1 워커빌리티

고유동 콘크리트에서 굳지 않은 상태의 유동성 또는 유동에 대한 저항성은 유동을 일으키는 데 필요한 최소한의 응력(항복 값)과 유동중의 속도에 비례하여 증가하는 저항성을 나타내는 점성(소성 점도)을 측정하여 평가한다. 굳지 않은 콘크리트의 변형 또는 유동에 대한 저항성의 정도가 반죽질기이고, 그 평가지표로써 일반 콘크리트에서 슬럼프를 사용하고 있지만, 고유동 콘크리트에서 슬럼프 플로로 측정하는 것이 적절하다. 슬럼프 플로는 슬럼프와 마찬가지로 굳지 않은 콘크리트에서 유동 후 최종 변형량을 나타내는 것으로 콘크리트의 항복 값에 관계되는 특성 값이다.

그림 3.1에 나타낸 바와 같이 고유동 콘크리트에서 슬럼프와 슬럼프 플로는 거의 선형의 관계가 있지만, 슬럼프 플로가 500 ~ 700 mm에 해당하는 슬럼프 범위는 240 ~ 280 mm로 매우 좁기 때문에 고유동 콘크리트의 경우는 슬럼프보다도 슬럼프 플로로 유동성을 평가하는 것이 바람직하다. 현재 한국콘크리트학회의 콘크리트 표준시방서에 따르면 고유동 콘크리트의 유동성으로 슬럼프 플로를 600 mm 이상으로 하도록 규정하고 있다[17].

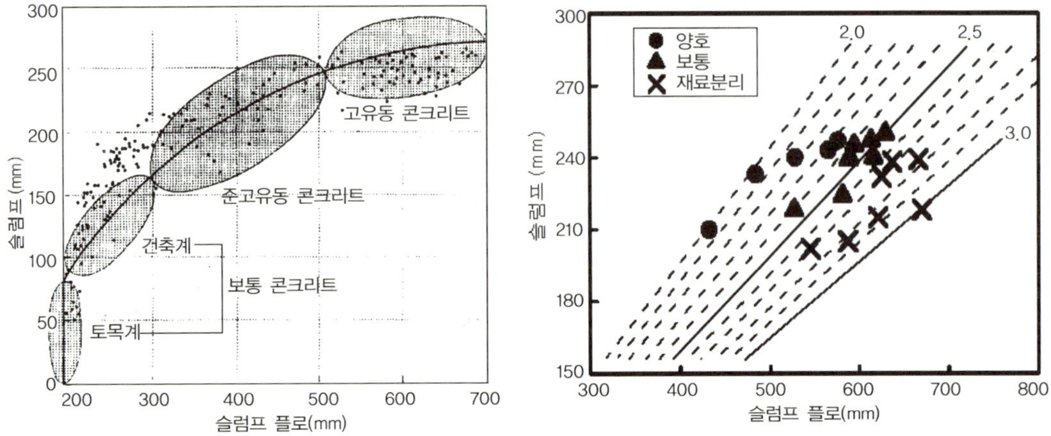

그림 3.1 **고유동 콘크리트의 슬럼프와 슬럼프 플로와의 관계**

고유동 콘크리트의 유동성을 평가하는 시험에는 항복 값을 평가하는 시험 방법으로서 슬럼프 플로 시험 이외에 L형 플로 시험 등이 있지만, 일반 콘크리트 유동성 시험에는 일반적으로 슬럼프 시험을 사용하고 있는 점을 고려하여 슬럼프 플로 시험이 권장된다.

고유동 콘크리트의 안정성에 표 3.1에 나타낸 것처럼 다양한 요인이 있기 때문에 고유동 콘크리트 제조 시 이들 요인들을 종합적으로 고려할 필요가 있다.

고유동 콘크리트에서 유동 중의 점성(소성 점도)에 관계하는 특성 값은 슬럼프 플로 속도 또는 L형 플로 속도 등이 있다. 일반 콘크리트에서는 항복 값과 소성 점도와는 거의 선형비례 관계가 있지만, 고유동 콘크리트에서는 항복 값과 소성 점도와는 선형비례 관계가 없는 경우도 발생할 수 있다. 즉, 동일한 슬럼프 플로에서도 슬럼프 플로 속도가 다른 경우가 있고 유동성에 차이가 발생한다. 슬럼프 플로 속도가 늦을수록 점성은 높을 것으로 판단할 수 있고, 점성이 높은 콘크리트는 펌프압송 할 때에 압력손실이 크게 되기 때문에

표 3.1 고유동 콘크리트의 안정성에 영향을 미치는 변수들[23)]

적용 변수	영향
타설 기술	타설 에너지가 높을 경우에는 재료의 분리를 유발할 수 있음.
보강 수준	콘크리트가 보강재를 통해서 떨어지거나 흘러내리면 재료가 분리될 수 있음.
부재 높이	부재 높이가 높을수록 골재 침하와 블리딩 가능성이 증가함.
유동성(슬럼프 플로) 수준	다른 모든 조건이 동일한 경우, 유동성 수준이 증가할수록 안정성은 감소함.
점성 수준	점도가 높아질수록 안정성도 증가함.

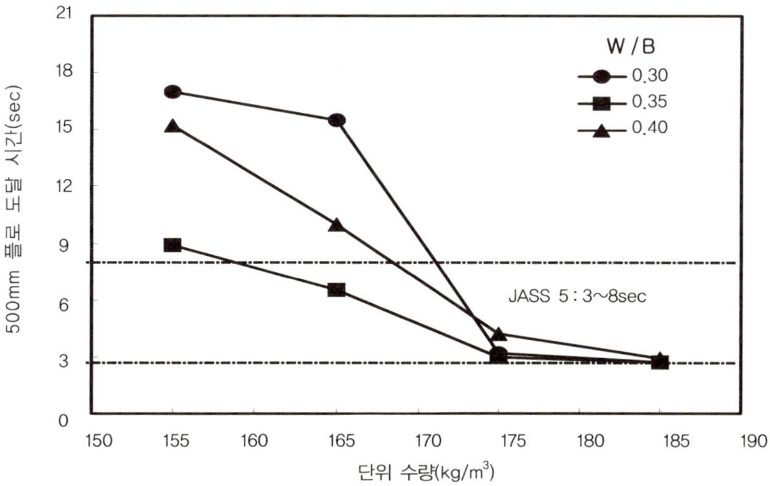

그림 3.2 **고유동 콘크리트의 슬럼프 플로 500 mm 도달 시간**

주의가 필요하다. 따라서 고유동 콘크리트의 유동성은 슬럼프 플로뿐만 아니라 슬럼프 플로 속도도 함께 측정하여 평가하는 것이 바람직하다. 슬럼프 플로 속도는 콘크리트가 유동하기 시작하는 시점으로부터 500 mm에 도달하는 시간을 평가지표로서 많이 사용되고 있다. 슬럼프 플로가 동일한 고유동 콘크리트에서 500 mm 슬럼프 플로 도달 시간이 짧을수록 점성은 낮아지고, 도달 시간이 너무 짧을 경우에는 재료 분리가 발생하기 쉽다. 일반적으로 슬럼프 플로가 600 ~ 700 mm 정도의 건축용 고유동 콘크리트에서는 500 mm 슬럼프 플로 도달 시간은 3 ~ 8초 정도이고, 토목용 고유동 콘크리트는 5 ~ 15초 정도인 경우가 많다(그림 3.2 참조). 현행 콘크리트 표준시방서에서는 슬럼프 플로 500 mm 도달 시간은 자기 충전성 등급 1의 경우 5 ~ 20초, 등급 2와 등급 3은 3 ~ 15초 범위를 만족하도록 규정하고 있다[17].

한편, 콘크리트의 점성과 재료 분리 저항성의 관계는 사용 재료나 배합에 의해 복잡하게 변화한다. 그림 3.3은 슬럼프 플로와 슬럼프 플로 500 mm 도달 시간의 관계를 나타낸 것이다. 슬럼프 플로는 전체적으로 600 ~ 700 mm로 변동계수 0 ~ 3 퍼센트의 범위에 있는 것에 반해 500 mm 슬럼프 플로 도달 시간은 3 ~ 9초로 변동계수가 0 ~ 15 퍼센트의 범위에 넓게 분포되어 있다. 슬럼프 플로와 500 mm 슬럼프 플로 도달 시간과의 사이에는 명확한 관계가 보이지 않고 있다. 따라서 슬럼프 플로 도달 시간만으로 재료 분리 저항성을 정확하게 정량적으로 평가할 수 없다. 슬럼프 플로 도달 시간과 시공성에 관한 데이터는 현재로서 충분하지 않으며, 향후 이에 대한 데이터 누적이 필요하다.

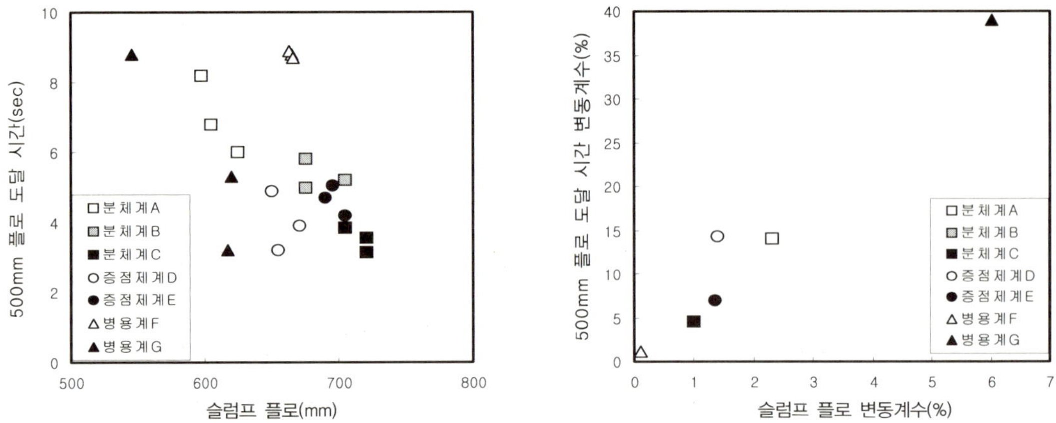

그림 3.3 슬럼프 플로와 500 mm 플로 도달 시간과의 관계[40)]

굳지 않은 고유동 콘크리트의 재료 분리 저항성에 대해서는 여러 가지의 시험 방법이 제안되고 있지만, 국내에서는 아직 표준 시험 방법으로 확립되어 있지 않다. 따라서 재료 분리 저항성은 슬럼프 플로 시험 후의 콘크리트 상태를 육안으로 평가하는 것도 적절한 방법 중 하나이다(그림 3.4 및 3.5 참조). 그러나 배출 시에 재료 분리가 보이지 않아도, 콘크리트가 운반중이거나 압송중에 재료 분리가 발생할 수도 있기 때문에 배합을 정하기 위한 시험 비빔 시 신뢰 가능한 시험 방법으로 시험을 실시하고, 사용하는 고유동 콘크리트가 소정의 재료 분리 저항성이 있는 지에 대해 확인해 두어야 한다. 사진 3.1은 양호한 워커빌리티를 가진 고유동 콘크리트의 슬럼프 플로 시험 후의 상황이고, 사진 3.2는 재료 분리 현상이 나타나는 고유동 콘크리트의 슬럼프 플로 시험 후의 상황을 나타낸 것이다.

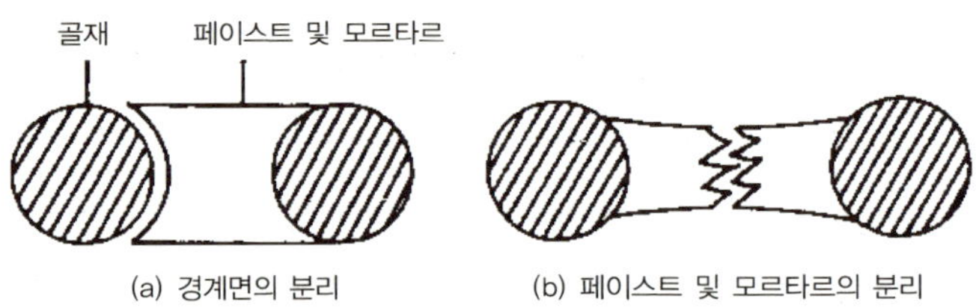

그림 3.4 재료 분리 유형 모식도

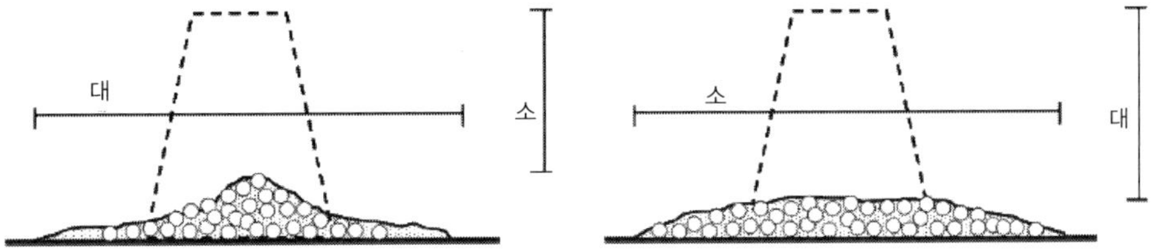

(a) 재료 분리 현상 (b) 일반적인 현상

그림 3.5 고유동 콘크리트의 슬럼프 플로 개념도

사진 3.1 양호한 슬럼프 플로

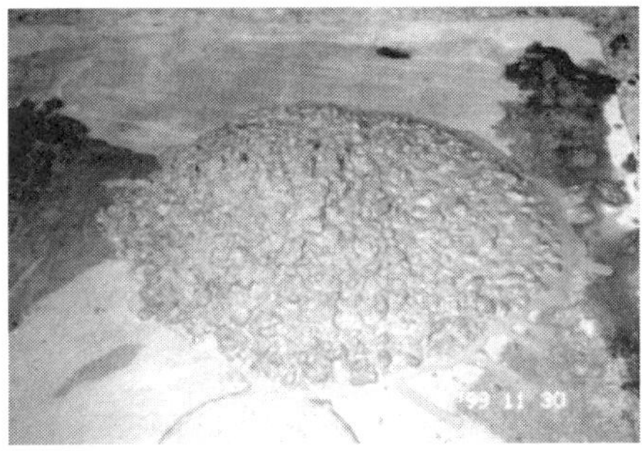

사진 3.2 재료 분리 슬럼프 플로

고유동 콘크리트의 워커빌리티는 사용하는 시멘트 종류에 따라 다르게 나타나는데, 그림 3.6에 나타낸 바와 같이 고벨라이트 시멘트 > 중용열 시멘트 > 조강 시멘트 > 보통 시멘트 순으로 유동성이 향상되기 때문에, 최근 들어 고유동 콘크리트 제조에 고벨라이트계 시멘트의 사용이 증가하는 추세에 있다. 이처럼 중용열 포틀랜드 시멘트 및 고벨라이트계 시멘트를 사용한 경우, 유동성이 향상되는 것은 시멘트 중의 C_3A 및 C_4AF의 상과 C_3S 및 C_2S 의 실리케이트 상이 혼화제의 흡착 거동이 다르기 때문이고, C_3A 및 C_4AF가 많을수록 시멘트 입자로 혼화제의 흡착이 불균일하게 되어 분산 작용이 발휘되지 않기 때문으로 알려져 있다[31,32].

고유동 콘크리트의 결합재로써 일반적으로 고로 슬래그 미분말과 플라이 애쉬를 사용하는 사례가 많다. 이러한 혼화재가 고유동 콘크리트의 유동성에 미치는 영향은 그 종류에 따라 다르게 나타났다. 그림 3.7에 나타낸 바와 같이 고로 슬래그 미분말 및 플라이 애쉬 혼입에 따라 유동성을 개선시키는 데 적정 혼입률이 존재하고 있음을 알 수 있다. 이 적정 혼입률은 혼화재의 입도・입형에 따라 다르지만, 일반적으로 보통 포틀랜드 시멘트에 대하여 고로 슬래그 미분말은 45~70 퍼센트, 플라이 애쉬는 15~30 퍼센트 정도이다[33].

고유동 콘크리트 제조에는 고성능 감수제의 사용이 필수적이나, 종류·성분, 사용량, 배합 조건 및 온도 등에 따라 콘크리트 품질에 미치는 영향이 크게 다르기 때문에 사용하기 전에 충분히 검토한 다음에 사용해야 한다. 그리고 경우에 따라서 고성능 감수제와 증점제의 조합에 따라 충분한 유동성을 확보하지 못할 수도 있기 때문에 이를 고려하여 사용해야 한다.

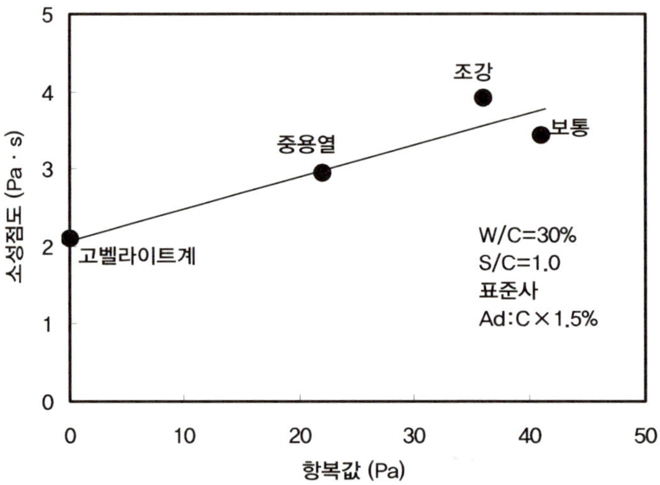

그림 3.6 시멘트 종류에 따른 유변학 특성

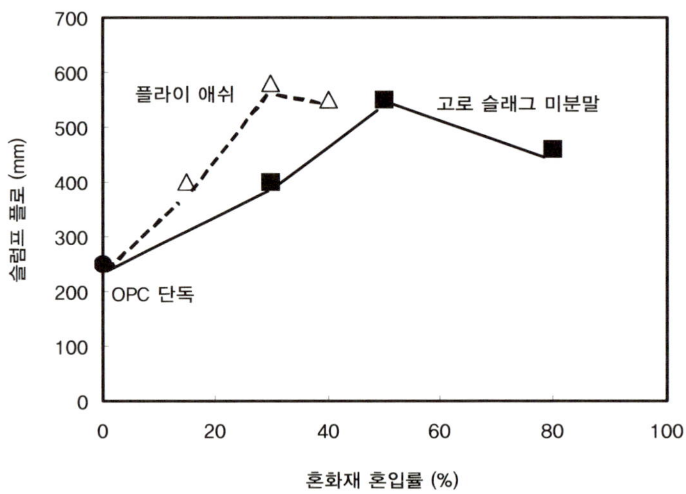

그림 3.7 혼화재 혼입률과 슬럼프 플로의 관계

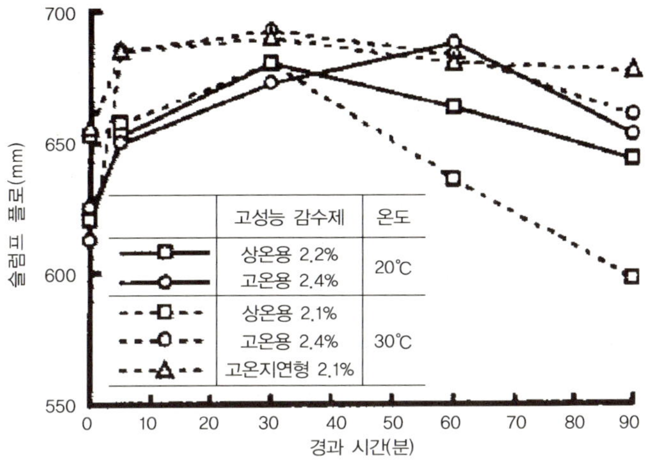

그림 3.8 고성능 감수제 종류에 따른 슬럼프 플로 경시변화

3.1.2 블리딩

고유동 콘크리트의 유동성을 높이기 위해 단위 수량을 필요 이상으로 증가시킬 경우에는 블리딩이 발생하여 재료 분리를 일으키기 쉽다. 따라서 블리딩양에 대해서 제한 값을 고려할 필요가 있으며, 블리딩양은 일반 콘크리트에서 5 mm^3/mm^2 이하, 고내구성 콘크리트에서는 3 mm^3/mm^2 이하로 정하기 때문에 고유동 콘크리트에서도 고내구성 콘크리트와 같이 3 mm^3/mm^2 이하로 제어하는 것이 바람직할 것으로 판단된다.

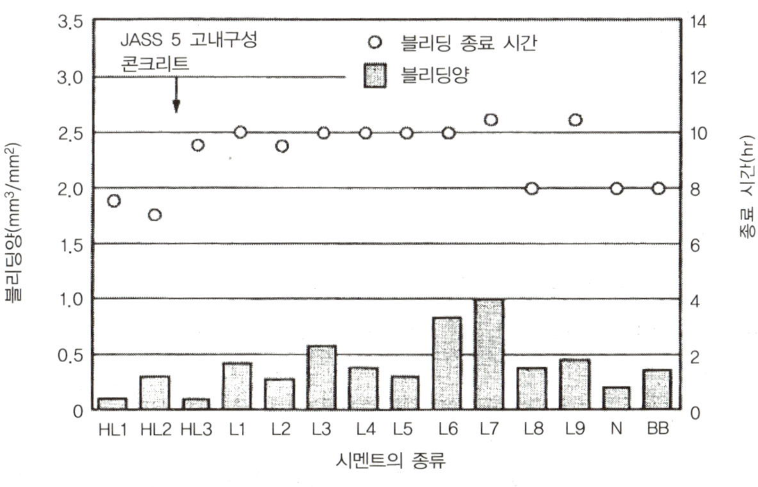

그림 3.9 시멘트 종류에 따른 블리딩양

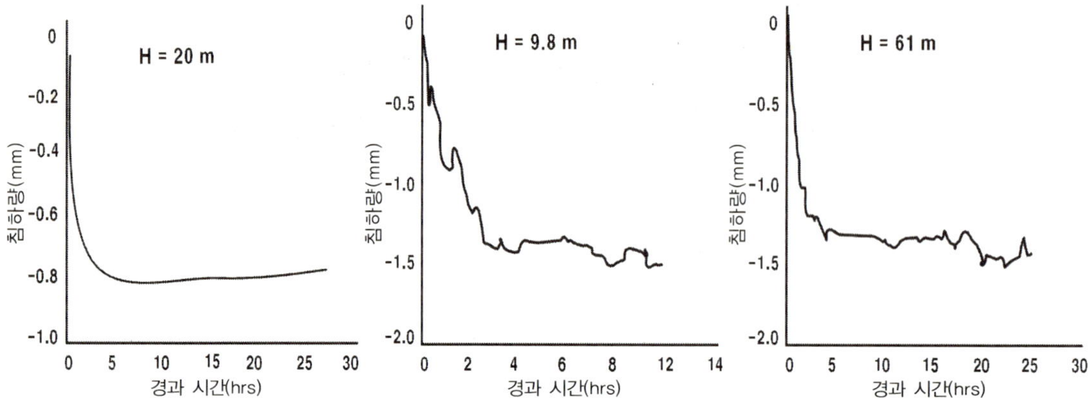

그림 3.10 충전형 강관 구조에서 고유동 콘크리트의 침하량 측정 결과의 예

그림 3.9는 고벨라이트계 시멘트를 사용한 물-시멘트비가 35 퍼센트인 고유동 콘크리트의 블리딩양을 나타낸 것으로 가장 많은 경우에도 1 mm^3/mm^2 정도이다. 또한 증점제를 사용한 고유동 콘크리트의 블리딩 시험 결과에서도 2 mm^3/mm^2 이하로 나타나고 있다. 이처럼 고유동 콘크리트의 블리딩양은 일반 콘크리트에 비해 일반적으로 작게 되기 때문에 표면 마감 작업에 문제가 발생할 수 있으므로 이에 대해 고려하여 대책을 검토해 둘 필요가 있다.

블리딩양이 증가할수록 콘크리트의 침하량도 증가하는 경향이 있기 때문에 그림 3.10과 같이 고유동 콘크리트를 프리캐스트 콘크리트 부재의 접합부나 콘크리트 충전형 강관 구조의 충전 콘크리트 또는 역타설 공법에서 이어치기 등에 사용하는 경우에는 침하 문제가 발생할 수도 있으므로 이에 대한 대책이 필요하다.

3.1.3 응결 시간 · 초기 강도 · 수화열

1) 응결 시간

응결 시간은 주로 콘크리트 표면 미장 마감의 시기에 관계되므로 적당한 응결 시간을 확보할 필요가 있다. 응결 시간이 너무 빠른 경우에는 마감 작업 도중에 응결이 오기 때문에 많은 미장 작업원을 필요로 하고, 반대로 응결 시간이 지연될 경우에는 마감 시간이 늦어져 공정 지연의 원인이 된다.

고유동 콘크리트의 응결 특성은 시멘트 종류, 혼화재의 종류 · 양, 고성능 감수제 및 증점제 등 혼화제의 종류 · 양 등의 사용 재료, 물-결합재비 등의 배합 조건, 온도 등의 기상

조건에 따라 다르지만, 일반 콘크리트에 비해 지연되는 경향이 있다.

고유동 콘크리트의 유동성을 확보하기 위해 사용되는 고성능 감수제는 사용량이 증가할 수록 응결 시간이 지연된다(그림 3.11). 고성능 감수제의 주성분도 응결 시간에 영향을 주는데, 특히 저발열 시멘트와 나프탈렌계 고성능 감수제를 조합하여 사용할 경우에는 응결이 현격히 지연되는 것으로 알려져 있다. 또한 증점제도 종류에 따라 응결 특성에 미치는 영향이 다르지만, 일반적으로 지연되는 경향이 있다[43].

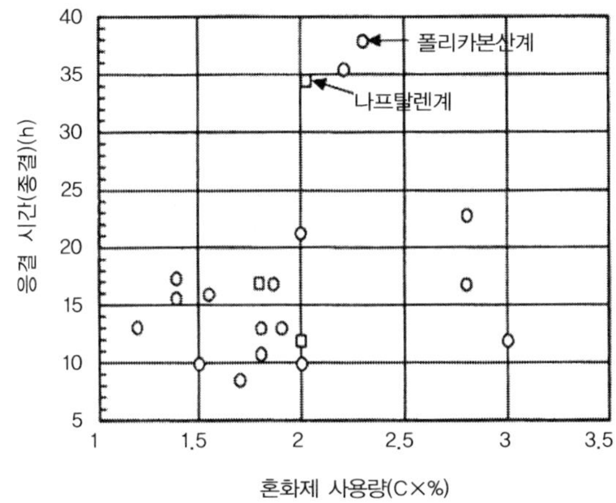

그림 3.11 고성능 감수제 종류 및 사용량에 따른 응결 특성

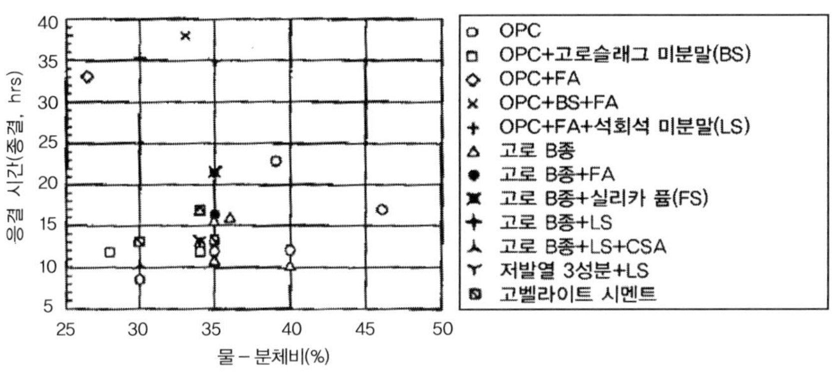

그림 3.12 분체 종류 및 물-분체비에 따른 응결 특성

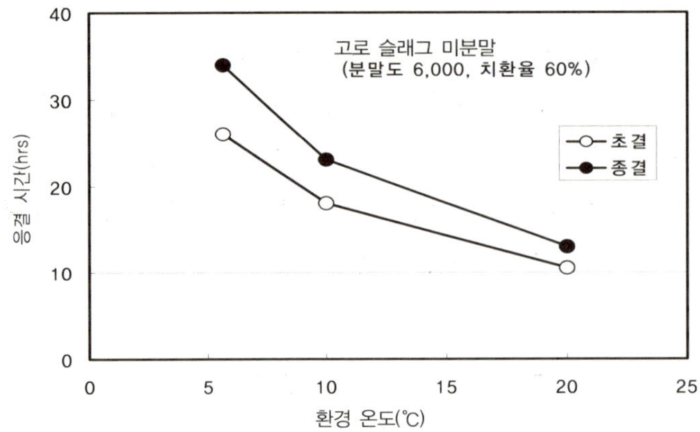

그림 3.13 환경 온도가 응결 특성에 미치는 영향

결합재로 플라이 애쉬를 사용하는 경우에는 응결 시간이 지연되는 경향이 있으며, 특히 보통 포틀랜드 시멘트, 고로 슬래그 미분말 및 플라이 애쉬로 구성된 3성분계를 사용한 고유동 콘크리트에서 응결 시간이 지연되는 것으로 알려져 있다(그림 3.12). 그리고 고로 슬래그 미분말을 사용한 고유동 콘크리트에는 일반 온도 조건에서 응결 지연이 거의 없지만, 저온에 노출될 경우에는 응결 시간이 현격히 지연되기 때문에 충분히 주의할 필요가 있다(그림 3.13)[34].

이와 같이 고유동 콘크리트의 응결 시간은 일반적으로 일반 콘크리트보다도 지연되는 경향이 있기 때문에 고유동 콘크리트에서는 응결이 극단적으로 지연되지 않도록 적절한 사용 재료 및 배합을 사용하는 등 대책이 필요하다. 또한 양생 온도의 영향도 크기 때문에 동절기 공사에서 양생 방법에 대해 주의할 필요가 있다.

2) 초기 강도

그림 3.14는 고유동 콘크리트의 초기 강도 특성을 나타낸 것이다. 일반 콘크리트와 비교할 경우, 물-결합재비가 높을수록 고유동 콘크리트의 초기 강도 발현이 지연되는 것으로 나타났다. 그리고 물-결합재비에 상관없이 고로 슬래그 미분말의 치환율이 높을수록 초기 강도 발현이 지연되는 것으로 나타났다. 이처럼 고유동 콘크리트의 초기 강도는 사용 재료의 종류·양, 배합 조건에 따라 다르겠지만, 일반 콘크리트에 비해 응결이 지연되는 경향이 있기 때문에 지연 또는 저하되는 경우가 많다.

표 3.2와 그림 3.15는 고유동 콘크리트의 초기 강도에 양생 온도가 미치는 영향을 나타낸 것으로 양생 온도가 낮을수록 초기 강도가 저하되는 것으로 나타났다. 특히 고로 슬래

그 미분말, 플라이 애쉬 및 저발열 시멘트 등을 사용한 고유동 콘크리트의 초기 강도 저하는 매우 큰 것으로 나타났다. 이처럼 고유동 콘크리트의 초기 강도는 양생 온도의 영향을 크게 받기 때문에 동절기에서는 양생 방법에 대한 주의가 필요하다[44].

또한 초기 강도는 본래 시공 방법과의 관계에서 정한 것이고, 초기 강도에 대해서 특별 시방이 정해지고 있는 경우는 그 시방에 따라야 한다. 초기 강도가 필요한 경우로는 슬라이딩 폼 공법을 사용하는 경우, 거푸집의 조기 철거, 한중 콘크리트에서 초기 양생의 중단을 실시하는 경우 등이 있다. 그리고 장기 강도의 증진을 중시하고, 저발열 타입의 시멘트를 사용하는 경우에는 24시간의 압축강도가 5 MPa을 만족하지 않는 것이 있다. 이와 같은 경우에는 시공 방법, 시공 시기, 양생 온도 등을 충분히 검토하여 콘크리트의 품질·공정에 지장이 없도록 해야 한다.

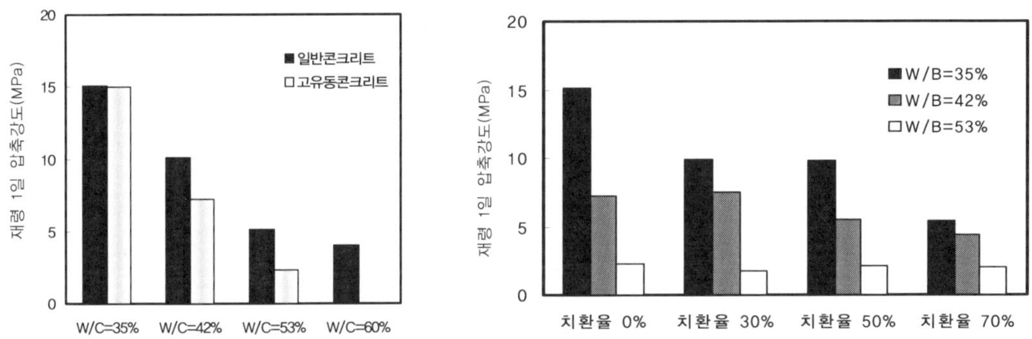

(a) 콘크리트 종류의 영향 (b) 고로 슬래그 미분말 치환율의 영향

그림 3.14 **고유동 콘크리트의 초기 강도**

표 3.2 초기 강도에 미치는 양생 온도의 영향

물 - 결합재비(%)	재령 24시간의 압축강도(MPa)		
	11℃	20.5℃	29.5℃
53	1.84	4.11	12.2

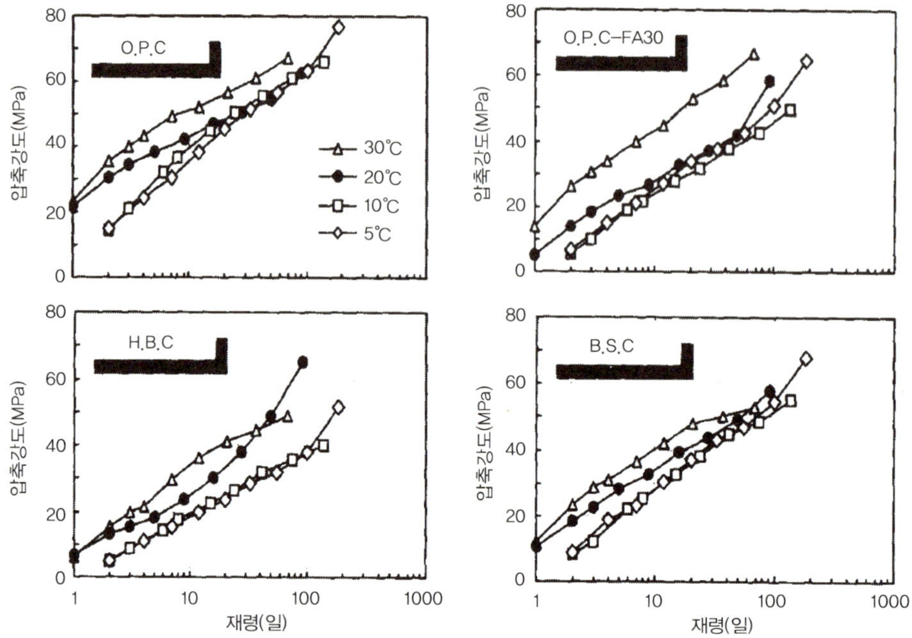

그림 3.15 **결합재 종류 및 양생 온도별 고유동 콘크리트의 강도 발현**

3) 수화열

시멘트 및 결합재량이 많은 고유동 콘크리트에서는 시멘트 및 결합재의 수화열에 의해 콘크리트의 온도가 과대하게 상승하게 되어 콘크리트 구조물·부재에 나쁜 영향을 미친다. 수화열에 의한 구조체 콘크리트에 발생하는 가장 큰 문제는 온도 응력에 의한 균열(온도

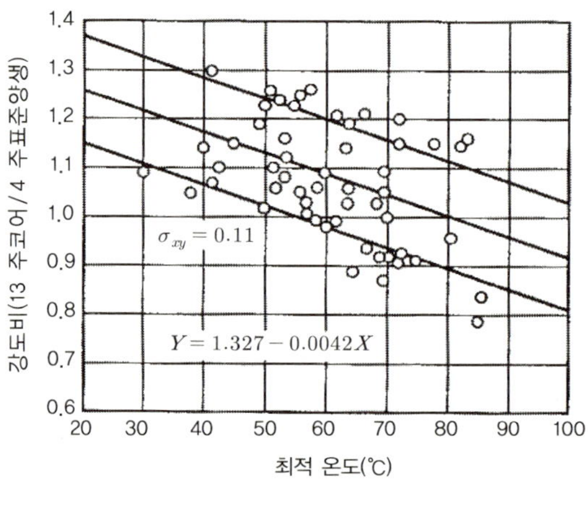

그림 3.16 **최고 온도와 압축강도의 관계**

균열)이고, 이로 인해 장기 강도의 증진 둔화, 내구성 및 수밀성 저하 등을 초래한다(그림 3.16). 온도 균열은 매스 콘크리트에 한정된 문제로 여겨져 왔지만, 시멘트 및 고로 슬래그 미분말 등의 결합재를 다량으로 사용하는 낮은 물-결합재비의 고강도 콘크리트 또는 고유동 콘크리트에서도 고려해야 하는 문제이다.

고유동 콘크리트의 수화열 저감 대책은 일반 콘크리트와 동일하지만, 다음과 같이 재료·배합 측면에서 제어하는 방법이 유효할 것으로 판단된다.

(1) 발열량이 적은 시멘트 · 결합재 사용

시멘트 화합물에서 C_3S량 및 C_3A의 양이 증가할수록 시멘트의 발열량이 크고, C_2S의 양이 증가할수록 수화열은 작아진다. 따라서 콘크리트의 최고 온도를 저감하기 위해서는 C_3S량 및 C_3A량이 적고, C_2S량이 많은 시멘트를 사용하는 것이 필요하다. 수화열에 의한 온도 상승을 억제하는 것은 중용열 포틀랜드 시멘트, 플라이 애쉬 시멘트, 고로 시멘트 등을 사용해 왔지만, 최근 들어 수화열의 저감과 유동성 향상을 목적으로 고벨라이트계 시멘트의 사용이 증가하는 추세에 있다(그림 3.17). 그리고 혼합시멘트는 동일 종별일지라도 제품에 따라 혼화재의 비율이 다르기 때문에 사용하기 전에 시멘트의 발열량·강도 발현성에 대해서 미리 조사해 놓을 필요가 있다.

고로 슬래그 미분말은 최근 들어 분말도를 높게 하여 강도 발현성을 개선시키는 경향이 있는데, 이로 인해 필연적으로 발열 속도도 빠르게 되고 최종 단열 온도를 상승시키는 원인이 되기 때문에 주의할 필요가 있다. 플라이 애쉬는 그림 3.18에 나타낸 바와 같이 최종

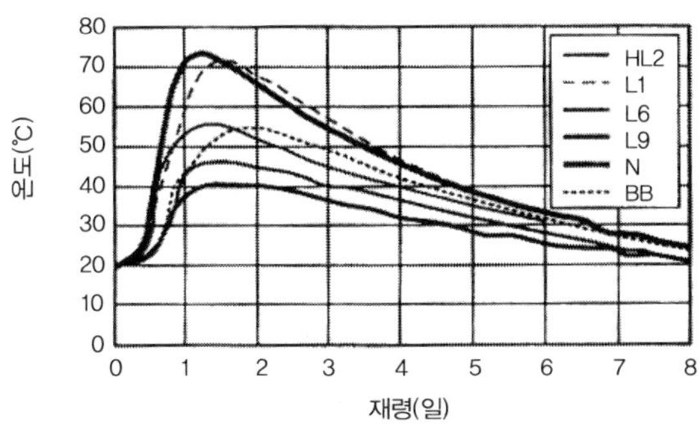

HL2 : 고분말도형 고벨라이트계 시멘트(C_2S=47%, 비표면적 4,240cm²/g)
L1 : 고벨라이트계 시멘트(C_2S=47%, 비표면적 3,580cm²/g)
L6 : 고벨라이트계 시멘트(C_2S=55%, 비표면적 3,310cm²/g)
L9 : 고벨라이트계 시멘트(C_2S=70%, 비표면적 3,480cm²/g)
N : 보통 포틀랜드 시멘트
BB : 고로 시멘트 B종

그림 3.17 **시멘트 종류가 콘크리트의 단열 양생 온도에 미치는 영향**

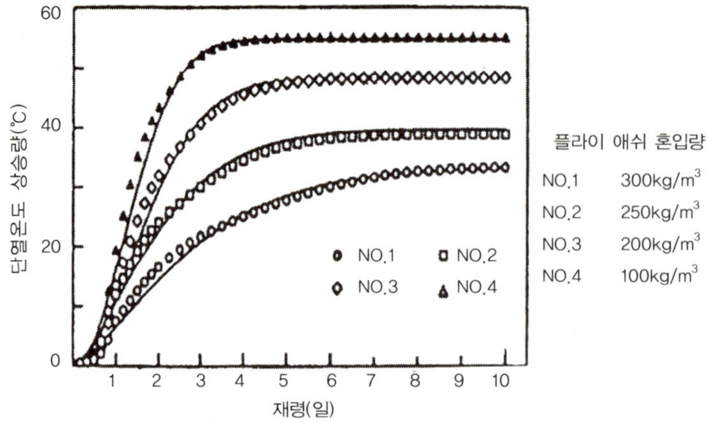

그림 3.18 **플라이 애쉬 혼입량에 따른 고유동 콘크리트의 단열 온도 상승량**

온도 상승량 및 온도 상승 속도를 억제하는 데 유효한 것으로 알려져 있다[35).

발열량이 적은 시멘트·결합재를 사용한 경우에는 초기의 강도 발현이 지연되기 때문에 강도 관리의 재령을 28일보다 길게 하여 계획 배합을 정하고, 저발열성과 장기적인 강도 발현성이 있는 시멘트·결합재의 특징을 유효하게 이용하는 것이 바람직하다.

(2) 단위 시멘트양은 가능한 적게 사용

단위 시멘트양은 콘크리트의 온도상승에 크게 영향을 주기 때문에 온도상승을 억제할 필요가 있는 경우에는 고유동 콘크리트의 품질을 확보할 수 있는 범위 내에서 가능한 적게 할 필요가 있다. 고유동 콘크리트에서 시멘트양의 감소는 굳지 않은 콘크리트의 점성을 저하시키기 때문에 재료 분리나 충전성에 문제를 초래할 우려가 있다. 따라서 단위 시멘트양을 저감하는 경우에는 시멘트의 대체로서 플라이 애쉬와 같은 비교적 활성도가 낮아 경화에 기여하는 무기질 분말 또는 석회석 미분말과 같은 경화에 기여하지 않는 무기질 분말을 사용하며[36)], 또는 증점제를 병용하는 등 콘크리트의 점성을 확보할 필요가 있다.

그리고 단위 수량을 적게 하는 것은 결과적으로 단위 시멘트양을 감소시킬 수 있기 때문에 수화열을 저감시킬 수 있다. 다만, 고유동 콘크리트에서는 단위 수량의 감소는 단위 페이스트양의 감소로 연결되어 골재량의 증대로 이어져 간극 통과성이나 충전성을 저하시킬 염려가 있기 때문에 큰 폭의 단위 수량 감소에는 주의가 요구된다.

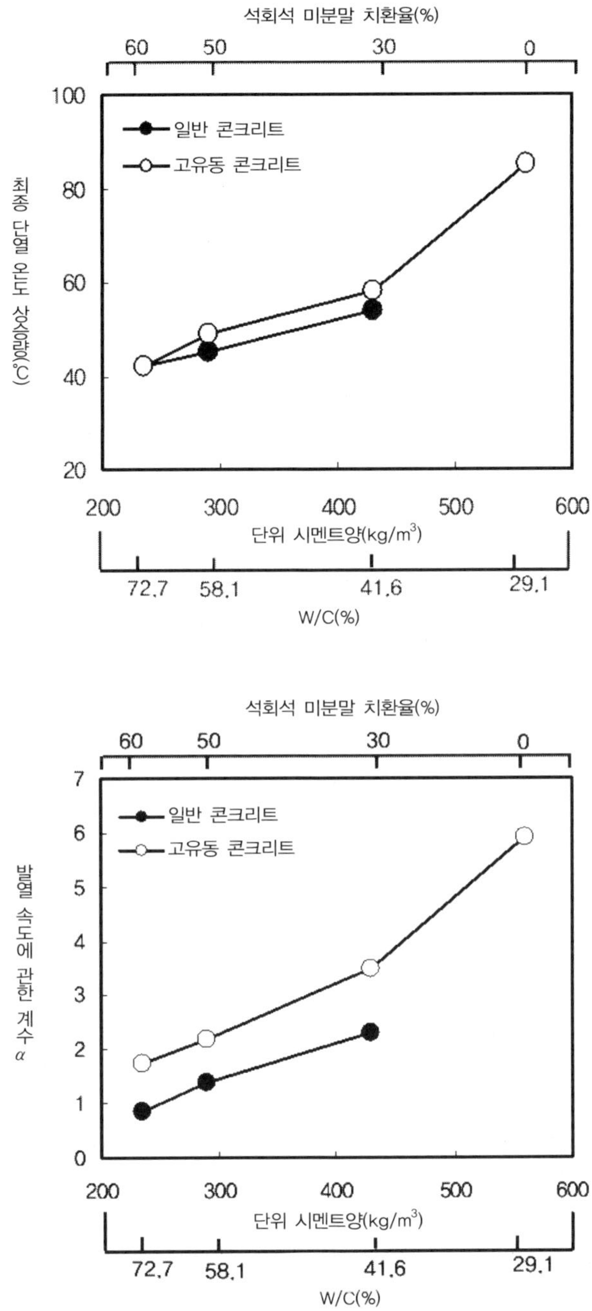

그림 3.19 석회석 미분말을 사용한 고유동 콘크리트의 발열 특성

3.2 강도 특성

3.2.1 압축 강도

고유동 콘크리트는 굳지 않은 상태에서 극히 높은 유동성과 우수한 시공성을 갖는 콘크리트이지만, 유동성을 필요 이상으로 증가시킬 경우에는 경화된 콘크리트의 품질이 저하될 가능성이 있다. 고유동 콘크리트에 저발열 타입의 시멘트나 혼화재를 사용하는 경우가 많다. 이러한 시멘트나 결합재를 사용한 콘크리트는 장기 강도의 발현은 양호하지만, 일반 콘크리트에 비교하여 초기 재령에서 강도 발현이 지연된다. 그림 3.20은 고벨라이트계 시멘트, 고로 슬래그 미분말, 플라이 애쉬로 구성된 3성분계 시멘트를 사용한 고유동 콘크리트의 압축강도 결과이고, 그림 3.21은 시멘트 종류별 고유동 콘크리트의 강도 발현 특성이다. 3성분계 시멘트 및 고벨라이트계 시멘트는 재령 28일까지 보통 포틀랜드 시멘트를 사용한 콘크리트에 비해 강도가 저하되나, 재령 28일 이후에는 강도가 증진되어 재령 91일에서 보통 포틀랜드 시멘트를 사용한 콘크리트에 비해 강도가 큰 것으로 나타났다.

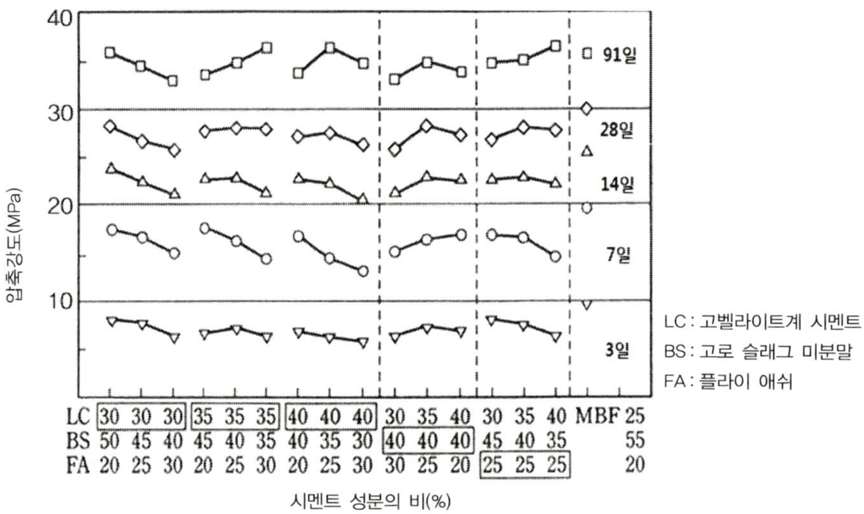

그림 3.20 3성분계 시멘트를 사용한 고유동 콘크리트의 압축강도

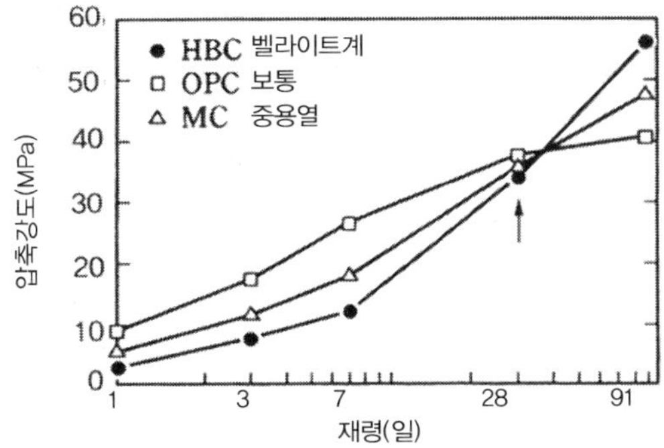

그림 3.21 **시멘트 종류별 고유동 콘크리트의 압축강도**

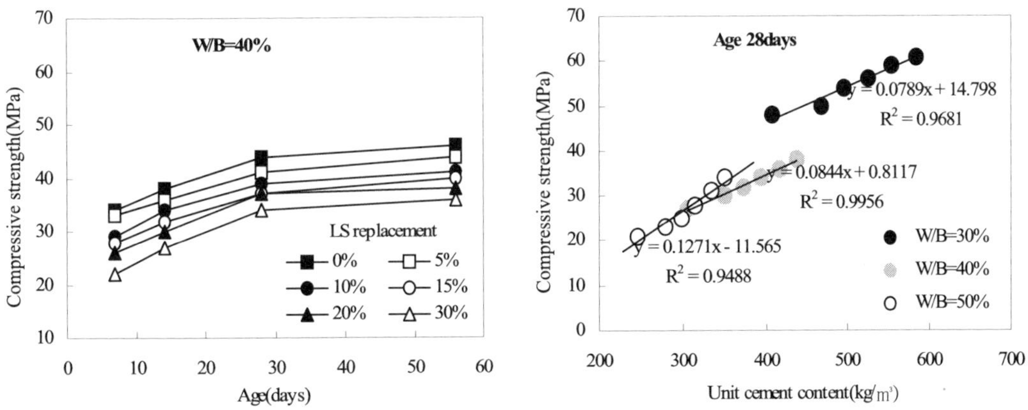

(a) 석회석 미분말의 치환율에 따른 영향 (b) 시멘트양과 압축강도의 관계

그림 3.22 **석회석 미분말을 사용한 고유동 콘크리트의 강도 발현(시멘트 치환)**

석회석 미분말은 잠재 수경성이 거의 없기 때문에 석회석 미분말의 치환율이 증가할수록 압축강도가 저하되는데, 이것은 석회석 미분말의 치환율이 증가할수록 시멘트양이 감소하기 때문이다. 이 경우에의 압축강도는 거의 단위 시멘트양에 좌우되므로 석회석 미분말을 제외한 물-시멘트비로 강도를 제어할 수 있다(그림 3.22)[2]. 그리고 석회석 미분말을 잔골재로 치환한 경우에는 강도가 증진되는데, 이것은 미분말에 의한 필러효과 등에 의해 시멘트 경화체의 공극이 치밀해지기 때문으로 분석된다(그림 3.23).

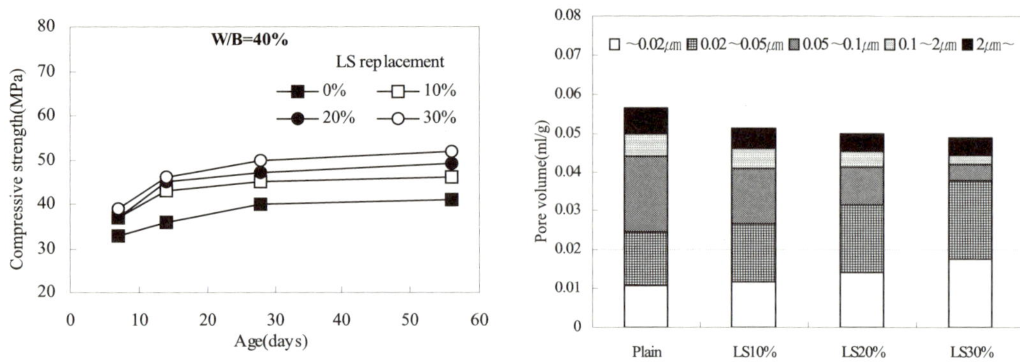

(a) 석회석 미분말의 치환율에 따른 영향

(b) 공극분포

그림 3.23 **석회석 미분말을 사용한 고유동 콘크리트의 강도 발현(잔 골재 치환)**

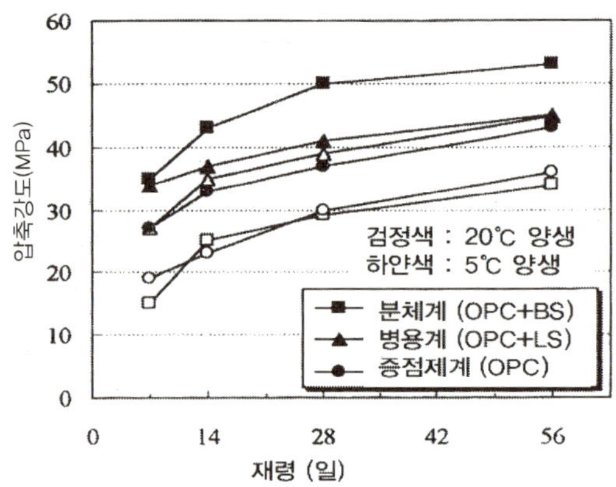

그림 3.24 **양생 온도가 고유동 콘크리트의 강도 발현에 미치는 영향**

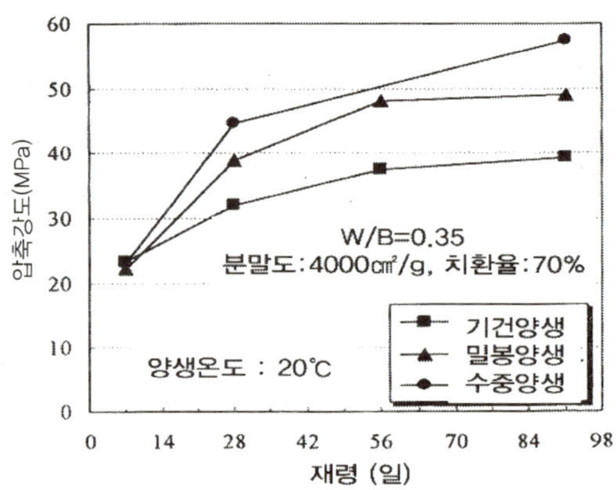

그림 3.25 **양생 조건이 고로 슬래그 미분말 사용 고유동 콘크리트의 강도 발현에 미치는 영향**

한편, 양생 온도에 따른 고유동 콘크리트의 압축강도 발현 특성은 일반 콘크리트와 큰 차이점이 없는 것으로 나타나고 있는데, 저온 조건에서는 초기 강도가 저하되나, 재령 28일 이후에는 강도가 증진되어 상온 조건 이상의 강도를 발휘하는 것으로 알려져 있다. 그림 3.24는 각종 고유동 콘크리트의 압축강도에 미치는 양생 온도의 영향을 나타낸 결과이다[37]. 고로 슬래그 미분말을 사용한 분체계 고유동 콘크리트(OPC+BS)는 석회석 미분말을 첨가한 분체계 고유동 콘크리트(OPC+LS), 보통 포틀랜드 시멘트만을 사용한 증점제계(OPC)에 비해 20℃ 양생과 5℃ 양생에서 압축강도가 크게 차이를 나타내고 있다. 그리고 그림 3.25는 양생 조건이 고로 슬래그 미분말을 사용한 고유동 콘크리트의 강도발현에 미치는 영향을 나타낸 결과이다. 재령 7일까지 양생 조건이 강도 발현에 미치는 영향은 거

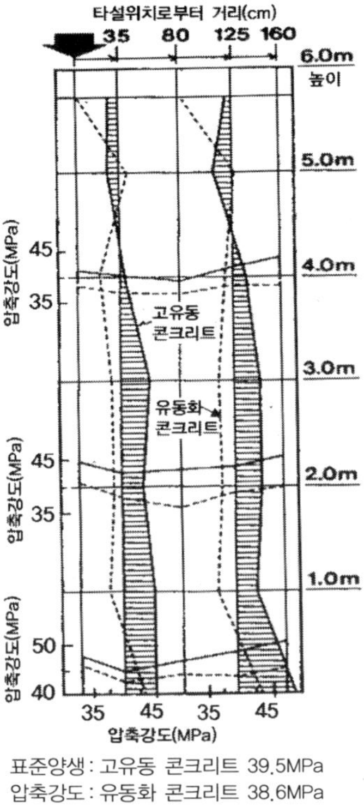

그림 3.26 **압축강도의 수직방향 분포**

의 없지만, 그 이후 재령에서 기건 양생을 실시한 경우에는 수중 양생 및 밀봉 양생을 실시한 경우에 비해 강도가 크게 저하되는 것으로 나타났다. 이처럼 반응성이 늦은 고로 슬래그 미분말을 사용하는 경우에는 양생 온도 및 양생 조건의 영향이 상당히 크기 때문에 양생에 주의할 필요가 있다[1,37].

고유동 콘크리트는 일반 콘크리트에 비해 수직방향의 타설 높이 및 수평방향으로의 유동 거리가 큰 것이 특징이다. 구조체에서 이러한 수직방향 또는 수평방향에서 충전 후 강도특성의 균일성이 문제가 된다. 그림 3.26은 높이 6 m의 RC 벽 모형 시험체에 타설한 콘크리트의 압축강도 분포를 나타낸 것이다[38]. 깊이 2 m까지는 표준 양생 공시체와 동등, 2 m 이상의 깊이에서는 표준양생 공시체보다 높은 강도를 나타내고 있다. 이러한 강도 증가의 원인으로는 고유동 콘크리트는 일반 콘크리트보다 측압이 높아 자중에 의한 다짐효과가 발생하기 때문으로 판단된다. 그리고 지하 연속벽에 고유동 콘크리트를 적용한 경우에도 깊이 방향 30 m까지 수직방향에 대해 강도의 차이가 없는 것으로 나타났다.

그림 3.27은 수평 유동 거리와 콘크리트의 균질성과의 관계를 나타낸 것으로 수평방향 유동 거리 8 m 이내에서 강도 저하 및 품질 저하가 약간 있지만, 품질관리 공시체와 동등 이상의 품질이 확보되고 있음을 알 수 있다[39]. 그러나 유동성이 부족한 경우에는 수평방향의 유동 거리가 4 m 이상에서 충전성이 불량하게 되어 강도 및 탄성계수가 저하되는 경우도 보고되고 있다. 따라서 콘크리트의 유동성, 재료 분리 저항성 및 충전성 등에 따라서 강도 저하와 품질의 편차가 발생할 수 있으므로 주의할 필요가 있다.

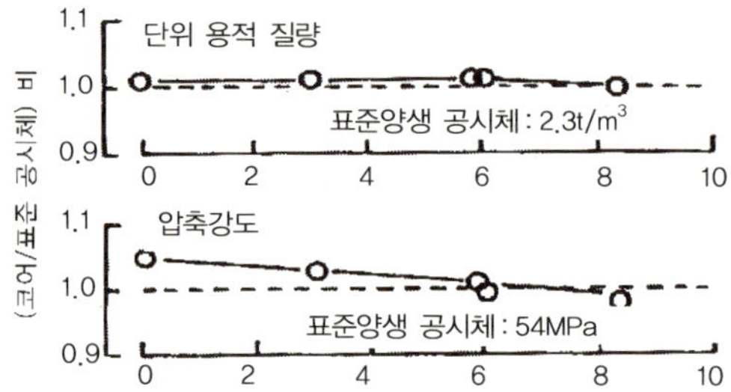

그림 3.27 수평 유동 거리와 균질성과의 관계

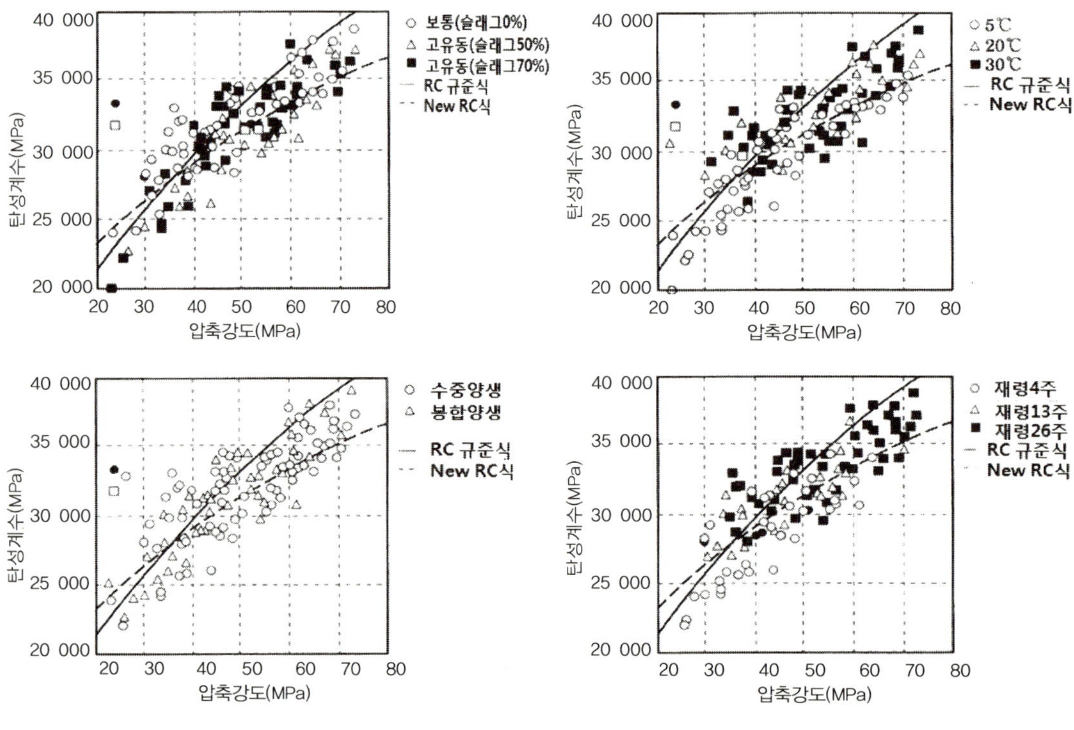

그림 3.28 고유동 콘크리트의 압축강도와 탄성계수의 관계[44]

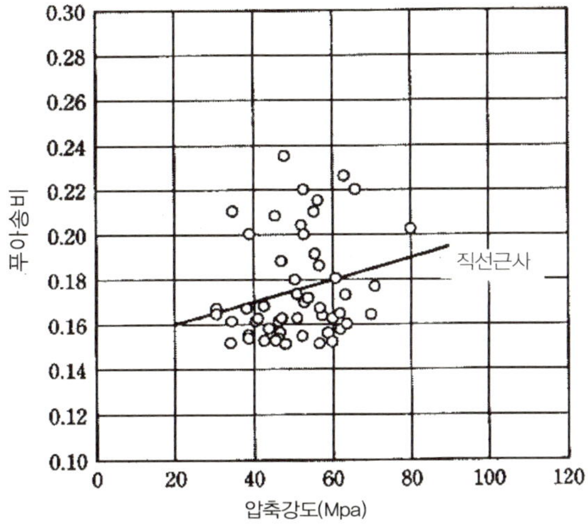

그림 3.29 고유동 콘크리트의 압축강도와 푸아송비의 관계

3.2.2 탄성계수

고유동 콘크리트는 일반 콘크리트에 비교하여 일반적으로 잔 골재율이 크고, 단위 굵은 골재량은 적은 콘크리트이며, 또한 각종 분체재료를 다량으로 사용하는 경우가 많기 때문에 탄성계수가 다소 작은 것으로 알려져 있다. 그림 3.28은 고유동 콘크리트의 압축강도와 탄성계수의 관계를 나타낸 것이다. 고유동 콘크리트의 압축강도와 푸아송비의 관계는 그림 3.29에 나타낸 바와 같이 뚜렷하게 명백하지는 않으나, 압축강도가 30~80 MPa 범위에서는 푸아송비가 0.16~0.22 정도를 나타내고 있다.

3.3 수축 특성

3.3.1 소성 수축

고유동 콘크리트는 블리딩이 거의 발생하지 않기 때문에 소성 수축 균열이 발생하기 쉽다. 따라서 고유동 콘크리트도 일반 콘크리트와 마찬가지로 치기 작업이 끝나는 즉시 비닐 등 불투수성 재료로 표면을 덮어주거나 또는 양생포를 덮고 물을 뿌려주어 수분의 증발을 방지해야 한다. 그리고 보호막 등 바람막이를 설치하여 바람에 의한 급속한 건조를 회피하고 또한 차양 등을 설치하여 직사일광에 의한 고유동 콘크리트 표면의 급격한 온도변화 및 증발 건조를 방지해야 한다.

3.3.2 자기 수축

고유동 콘크리트 중에 결합재량이 많고 물-결합재비가 낮은 분체계 고유동 콘크리트는 시멘트 수화에 관계된 자기 수축이 크게 발생하는 것으로 알려져 있다. 그림 3.30과 그림 3.31은 각각 단위 분체량과 자기 수축 변형률, 균열발생 일수의 관계를 나타낸 것이다[47]. 사용된 분체에 상관없이 분체량이 많을수록 자기 수축이 증가하고 있으며, 이로 인해 분체량을 많이 사용하여 자기 수축이 크게 증가한 경우에는 균열도 빠른 시기에 발생하는 것으로 나타났다. 그리고 고로 슬래그 미분말(C+BS)을 사용한 고유동 콘크리트는 플라이 애쉬(C+FA) 및 석회석 미분말(C+LS)을 사용한 고유동 콘크리트에 비해 자기 수축이 증가하는 것으로 나타났다.

그림 3.32는 시멘트의 종류가 자기 수축에 미치는 영향을 나타낸 것으로 자기 수축은 시멘트 종류에 따라 크게 다르며, 보통 포틀랜드 시멘트를 사용한 콘크리트는 중용열 포틀랜드 시멘트 및 고벨라이트계 시멘트를 사용한 콘크리트보다 일반적으로 자기 수축 변형이 큰 것으로 알려져 있다. 그리고 자기 수축은 시멘트 수화반응과 밀접한 관계가 있으므로 건조 수축에 비해 시멘트 조성 광물과 이들의 수화도에 의해 영향을 크게 받으며, 다음과 같은 자기 수축 추정식이 제안되고 있다[48].

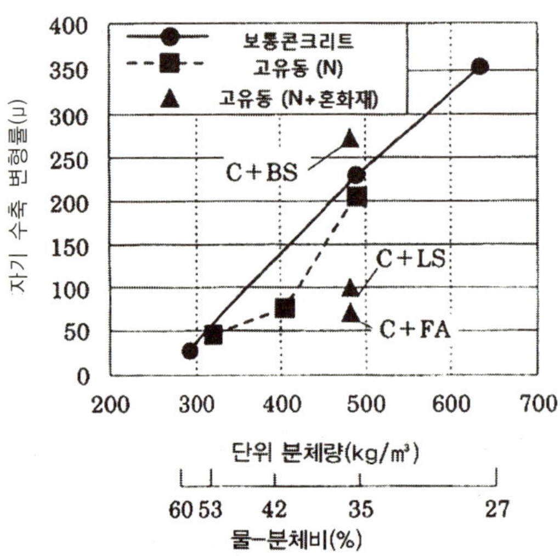

그림 3.30 단위 분체량과 자기 수축률의 관계

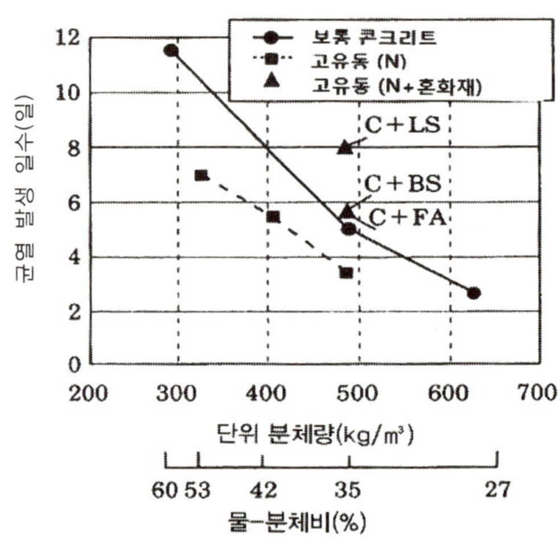

그림 3.31 단위 분체량과 균열 발생 일수의 관계

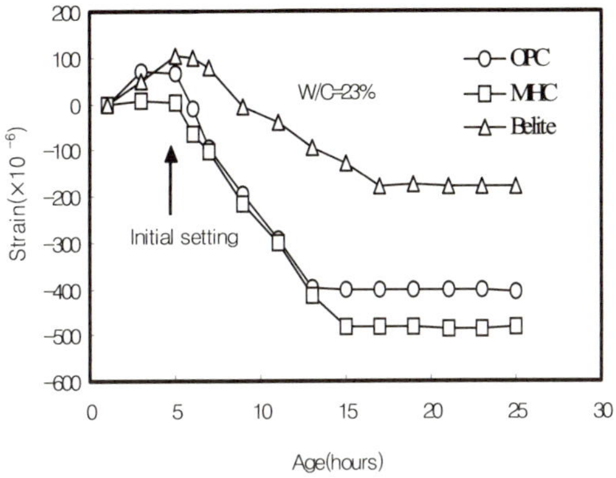

그림 3.32 시멘트 종류에 따른 자기 수축 변형률

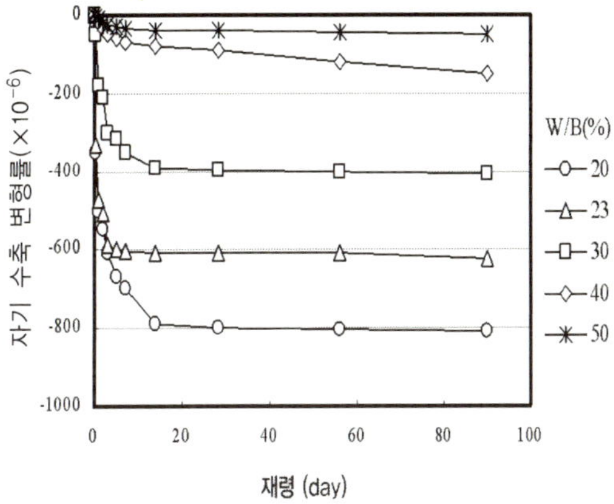

그림 3.33 물-결합재비의 영향

$$\varepsilon_c(t) = -0.12\alpha_{C_3S}C_3S(t) - 0.07\alpha_{C_2S}C_2S(t) + 2.256\alpha_{C_3A}C_3A(t) + 0.859\alpha_{C_4AF}C_4AF(t) \quad (3.1)$$

여기서, $\varepsilon_c(t)$: 재령 t에서의 자기 수축 변형률

α : 재령 t에서의 각 광물의 수화도

식 (3.1)에서 시멘트 조성 광물 중에서 자기 수축에 큰 영향을 미치는 것은 C_2S와 C_3S보다는 C_3A와 C_4AF이며, 이는 곧 자기 수축이 C_3A와 C_4AF의 수화에 의존함을 의미한다.

그림 3.33은 고유동 콘크리트의 물-결합재비가 자기 수축에 미치는 영향을 나타낸 결과이다. 물-결합재비 50 퍼센트인 보통강도 영역에서 자기 수축 변형률이 100×10^{-6} 이하로 거의 무시할 정도이나, 물-결합재비가 작을수록, 즉 고강도화 될수록 자기 수축이 증가하고 있으며, 자기 수축이 보다 빠르게 발생하여 초기 재령에서 최대 값에 도달하고 있다. 이처럼 물-결합재비가 작은 분체계 고유동 콘크리트는 반드시 자기 수축을 고려하여 구조물 설계 및 시공에 반영해야 한다.

그림 3.34는 결합재 종류 및 혼입률이 고유동 콘크리트의 자기 수축에 미치는 영향이다[21, 22]. 물-결합재비가 30 퍼센트인 고유동 콘크리트의 자기 수축은 400×10^{-6} 정도로 무시할 수 없는 것으로 나타났으며, 플라이 애쉬를 사용한 경우에는 자기 수축이 저감되는 효과가 있으나, 고로 슬래그 미분말과 실리카 퓸은 수화반응이 촉진되면서 모세관 장력의 증대 등으로 자기 수축이 크게 증가하는 것으로 나타났다. 고로 슬래그 미분말의 분말도가 자기 수축에 미치는 영향을 검토한 연구(물-결합재비 0.34, 고로 슬래그 미분말 치환율 40

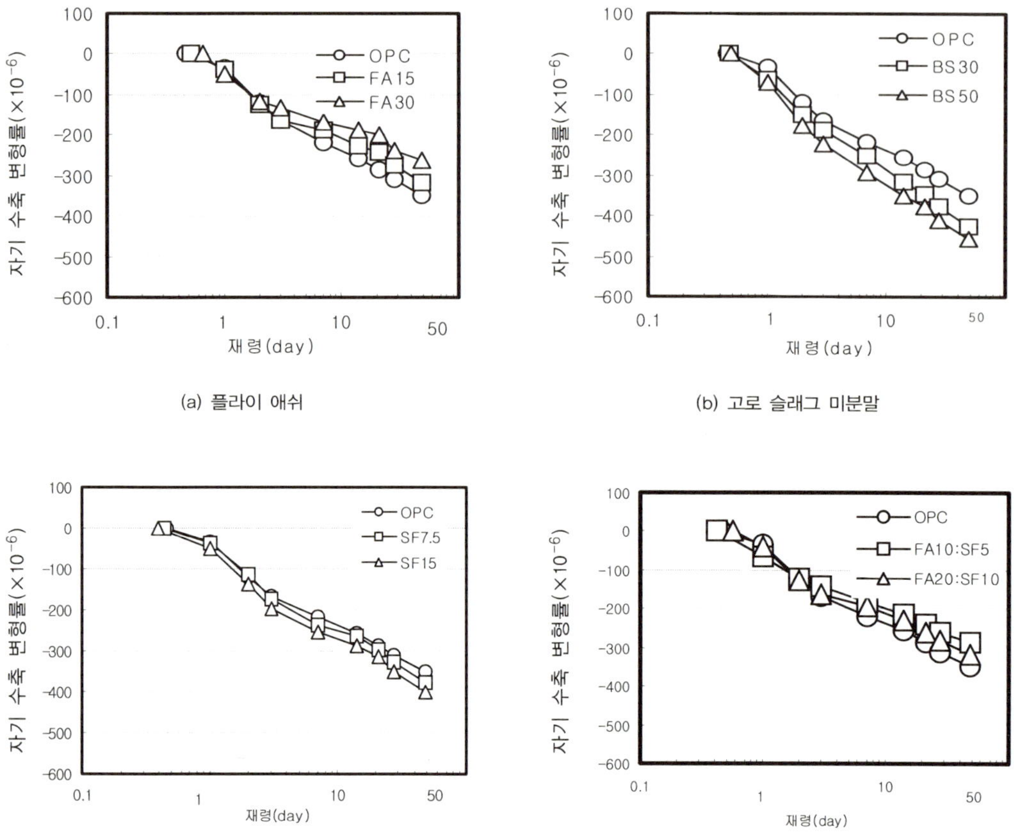

(a) 플라이 애쉬

(b) 고로 슬래그 미분말

(c) 실리카 퓸

(d) 플라이 애쉬와 실리카 퓸의 조합

그림 3.34 혼화재 종류가 고유동 콘크리트의 자기 수축에 미치는 영향

퍼센트)에서 고로 슬래그 미분말의 분말도는 재령 28일까지 발생하는 자기 수축에 큰 영향을 미치고, 분말도가 클수록 잠재 수경성 반응이 크기 때문에 자기 수축이 증가하는 것으로 알려져 있다.

3.3.3 건조 수축

고유동 콘크리트는 사용 재료, 배합 등에 따라 건조 수축도 다르게 나타나는 것으로 알려져 있다. 분체계 고유동 콘크리트는 보통 콘크리트에 비해 단위 페이스트양이 많은데, 이것은 건조 수축을 증가시키는 요인이 되나, 물-결합재비가 작은 것은 건조 수축을 저감시키는 요인이 되므로 일반 콘크리트와 동등하거나 약간 낮은 연구 결과가 많다. 또한 증점제계 고유동 콘크리트의 건조 수축은 일반 콘크리트와 동등하거나 약간 큰 것으로 알려져 있다.

그림 3.35는 혼화재가 고유동 콘크리트의 건조 수축에 미치는 영향을 나타낸 것이다[21, 22]. 플라이 애쉬를 사용한 고유동 콘크리트의 건조 수축은 보통 포틀랜드 시멘트를 사용한 콘크리트에 비해 약간 증가하였으며, 고로 슬래그 미분말과 실리카 퓸을 사용한 경우에는 보통 포틀랜드 시멘트 콘크리트와 거의 차이가 없는 것으로 나타났다.

일본건축학회에서는 내구성에 미치는 유해한 균열이 발생할 염려가 없는 건조수축의 목표 값을 800×10^{-6} 이하로 정하고 있다. 이 값은 재령 7일까지 표준 양생한 공시체를 온도 20±2℃, 상대습도 60±5 퍼센트의 환경 조건에서 건조 기간 6개월 동안 JIS A 1129(KS F 2424와 유사)의 시험에 의해 얻어진 것이다.

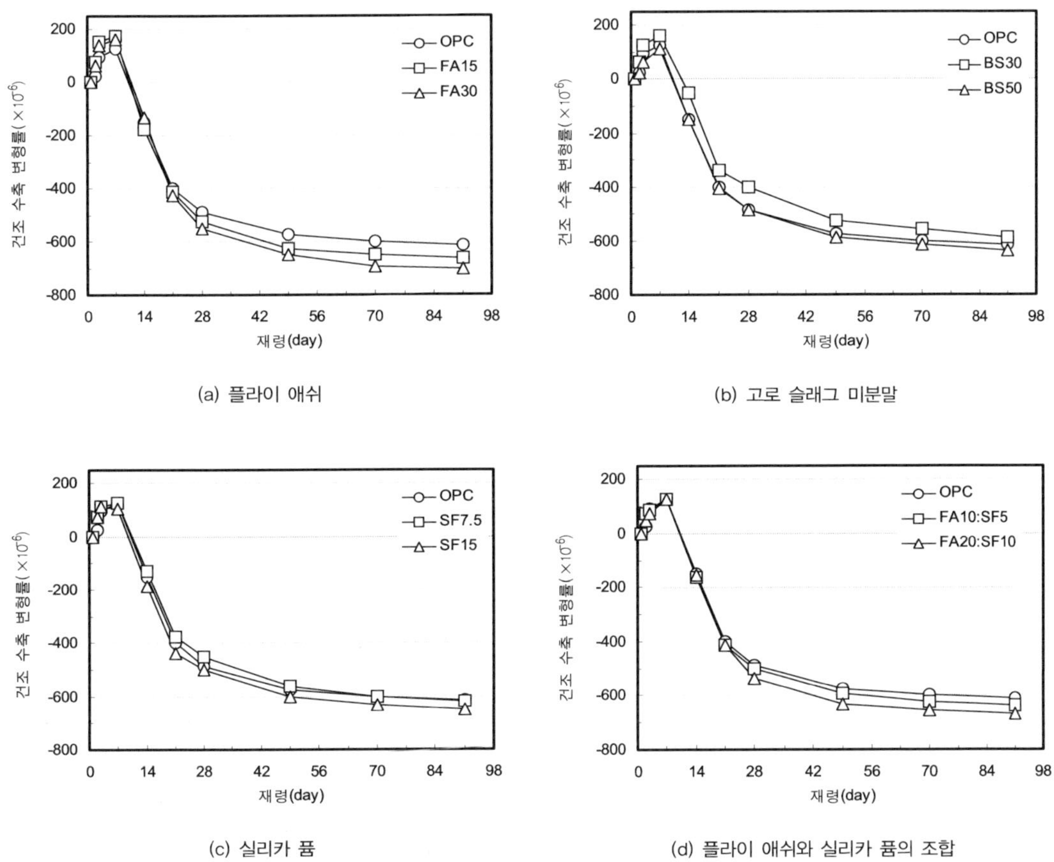

그림 3.35 혼화재 종류가 고유동 콘크리트의 건조 수축에 미치는 영향

3.4 내구성

3.4.1 탄산화

콘크리트는 사용 연한에 도달하기까지의 기간 내에 탄산화가 피복 두께의 깊이까지 진행되어서는 안 된다. 고유동 콘크리트의 탄산화는 사용하는 결합재의 종류 및 물-결합재비에 의해 크게 달라진다. 분체계 고유동 콘크리트의 경우, 각종 광물질 혼화재를 사용하기 때문에 포졸란 반응 등에 의해 수산화칼슘($Ca(OH)_2$)이 소비되어 콘크리트 내부에 알칼리도가 떨어짐으로써 탄산화 저항성이 저하될 수 있으나, 물-결합재비가 작고 블리딩이 작아 경화체의 내부 조직이 치밀하게 되어 물-결합재비가 55 퍼센트의 일반 콘크리트와 동등 이상의 탄산화 저항성을 나타내고 있다(그림 3.36)[49].

그림 3.37은 결합재로써 시멘트와 플라이 애쉬를 사용한 물-결합재비가 32~34 퍼센트인 고유동 콘크리트에 대한 탄산화 시험결과이다. 낮은 물-결합재비를 가진 고강도 범위에 있어서도 플라이 애쉬의 치환율이 클수록 탄산화 진행이 빨라지고 있다[50].

그림 3.38과 그림 3.39는 각각 결합재로서 시멘트와 플라이 애쉬 또는 고로 슬래그 미분말을 사용한 고유동 콘크리트의 물-결합재비와 탄산화 속도계수와의 관계를 나타낸 것이다[41]. 고로 슬래그 미분말을 사용한 고유동 콘크리트는 고로 슬래그 미분말의 치환율이 70 퍼센트인 경우를 제외하면 물-결합재비가 동일한 경우에는 치환율에 상관없이 탄산화 속도가 동일한 것으로 나타났다. 그리고 플라이 애쉬를 사용한 고유동 콘크리트는 플라이 애쉬의 치환율이 높을수록 탄산화 진행 속도가 빨라지는 것으로 나타났다. 그림 3.40은 그림 3.38과 그림 3.39의 탄산화 촉진 시험결과로부터 결합재에서 혼화재를 제외한 보통 포

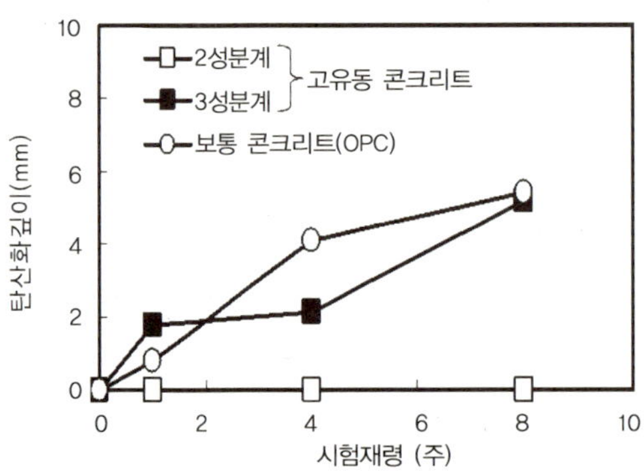

그림 3.36 고유동 콘크리트의 탄산화 특성

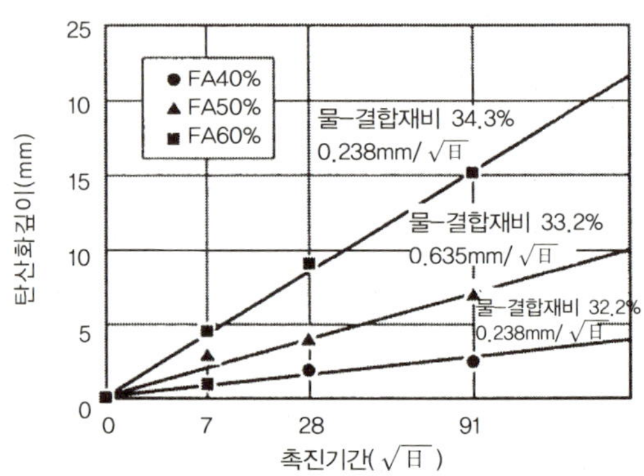

그림 3.37 플라이 애쉬의 치환율에 따른 영향

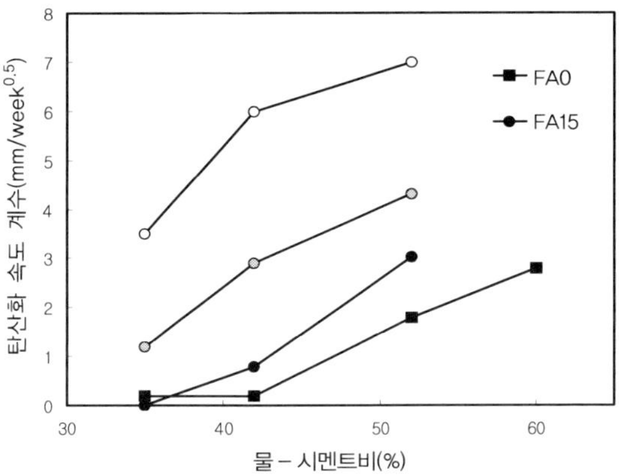

그림 3.38 물 - 결합재비와 탄산화 속도계수의 관계 (플라이 애쉬를 사용한 경우)

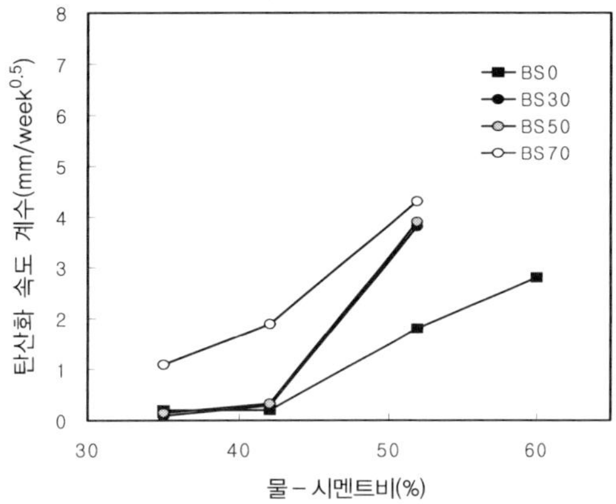

그림 3.39 물 - 결합재비와 탄산화 속도계수의 관계 (고로 슬래그 미분말을 사용한 경우)

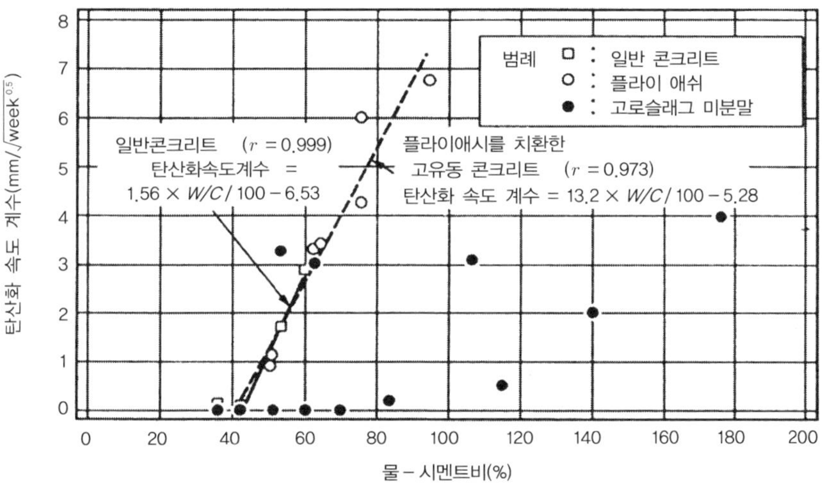

그림 3.40 고유동 콘크리트의 물 - 시멘트비와 탄산화 속도계수의 관계

틀랜드 시멘트에 대해 물-시멘트비와 탄산화 속도계수와 관계를 나타낸 것이다. 플라이 애쉬를 사용한 고유동 콘크리트의 탄산화 속도계수는 물-시멘트비와의 사이에 직선 관계가 확인되어지고, 그 관계식은 보통 포틀랜드 시멘트를 사용한 일반 콘크리트의 경우와 거의 같다. 이것은 결합재로써 사용한 플라이 애쉬는 탄산화 저항성에 대부분 관계하지 않는 것으로 추정된다. 또한 플라이 애쉬의 치환율 45퍼센트의 경우에는 촉진 탄산화 깊이가 25 mm를 초과하고 있으므로 플라이 애쉬를 대량으로 사용하는 경우에는 탄산화에 대해 대책을 강구할 필요가 있다. 그리고 고로 슬래그 미분말을 사용한 고유동 콘크리트의 경우에는 고로 슬래그 미분말이 탄산화 저항성에 기여하고 있음을 알 수 있다. 따라서 고로 슬래

그 미분말은 탄산화 저항성 평가에 있어서 어느 정도 시멘트로서 환산이 가능하다.

이상과 같이 고유동 콘크리트의 탄산화 속도는 사용하는 혼화재의 종류 및 사용량에 의해 다르므로 물-결합재비만으로 콘크리트의 탄산화 저항성을 평가하는 것은 어렵고, 반드시 KS F 2584에 따라 시험을 실시하여 확인할 필요가 있다.

3.4.2 동결 융해 저항성

콘크리트의 동결 융해 작용에 대한 저항성에 가장 영향을 미치는 요인은 공기량이고, 보다 엄밀히 말하면 경화 콘크리트의 기포 조직 및 기포 간극계수이다. 고유동 콘크리트에서도 이것은 변하지 않지만, 물-결합재비가 작은 고강도 분체계의 고유동 콘크리트에서는 공기량이 일반 AE 콘크리트에서의 권장 값보다 작아도 동결 융해 작용에 대해 우수한 것으로 나타나고 있다. 그림 3.41은 분체계 고유동 콘크리트의 5종류, 증점제계 고유동 콘크리트의 5종류 그리고 비교용으로 동일한 재료를 사용한 물-시멘트비 55 퍼센트의 일반 콘크리트에 대해 동결 융해의 내구성 지수와 기포 간격계수와의 관계를 나타낸 것이다[53]. 일반 콘크리트에서 기포 간극계수가 300~400 ㎛에서 동결 융해 저항성이 크게 변하는 것에 반해 고유동 콘크리트는 기포 간극계수가 500~800 ㎛으로 비교적 큰 범위에 있어서도 동결 융해 저항성이 우수한 것으로 나타나고 있다. 그러나 이러한 결과는 실제 구조물의 환경 조건과 다르기 때문에 주의할 필요가 있다.

그림 3.42는 공기량 3 퍼센트 이하의 고유동 콘크리트에 대해 각종 조건으로 양생을 실

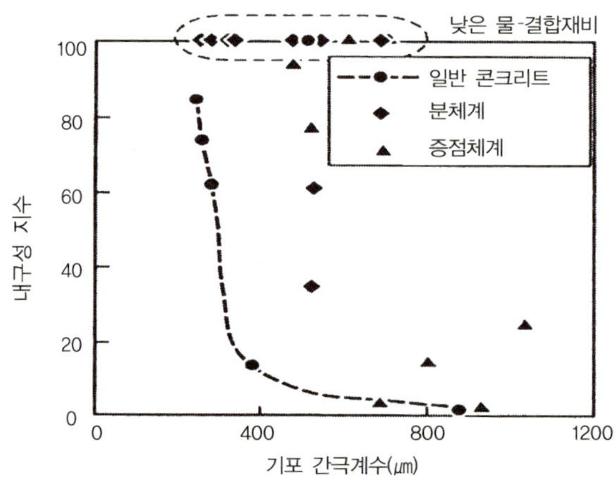

그림 3.41 고유동 콘크리트의 동결 융해 저항성과 기포 간극계수의 관계

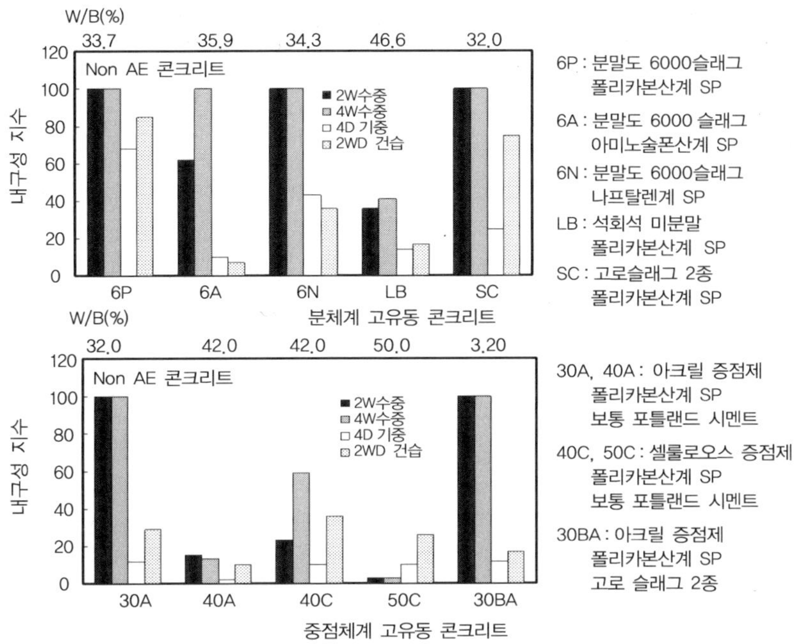

그림 3.42 **양생 조건이 고유동 콘크리트의 동결 융해 저항성에 미치는 영향**

시한 후 동결 융해 시험을 실시한 결과이다[54]. 수중 양생을 실시할 경우에는 Non-AE 콘크리트일지라도 물-결합재비 및 혼화재 종류에 따라 동결 융해 저항성이 우수하나, 기중 양생 또는 건습 양생을 실시한 경우에는 대부분 동결 융해 저항성이 크게 저하되는 것으로 나타났다. 이와 같은 결과는 기중 양생으로 강도가 충분히 발현되지 않거나 기건·습윤의 반복 작용으로 콘크리트에 균열이 발생했기 때문으로 판단된다. 따라서 표준 조건으로 양생하고 공기를 연행하지 않은 고유동 콘크리트가 동결 융해 시험에서 우수한 동결 융해 저항성을 가지더라도 실제 구조물에 사용되는 고유동 콘크리트에 연행 공기량이 불필요하다고 판단해서는 안 되고, 반드시 콘크리트 표준시방서에 정한 공기량을 연행해야 한다.

굳지 않은 콘크리트 단계에서는 필요로 하는 공기량을 연행하더라도 고유동 콘크리트의 동결 융해 저항성이 저하되는 경우가 있다. 그림 3.43에 나타낸 바와 같이 플라이 애쉬를 사용한 경우에는 미연소 탄소가 AE제를 흡착함으로써 혼화제 종류에 따라 굳지 않은 콘크리트 단계에서 충분한 공기량을 확보하더라도 시간이 경과함에 따라 점점 공기량이 감소하여 동결 융해 저항성이 저하되는 경우가 있기 때문에 주의할 필요가 있다[55]. 이외에도 저품질의 골재를 사용하거나 재료 분리 등에 의해 굳지 않은 콘크리트에서 얻어진 공기포가 경화 후에 충분히 확보되지 않는 것에도 동결 융해 저항성이 저하되는 경우가 있다.

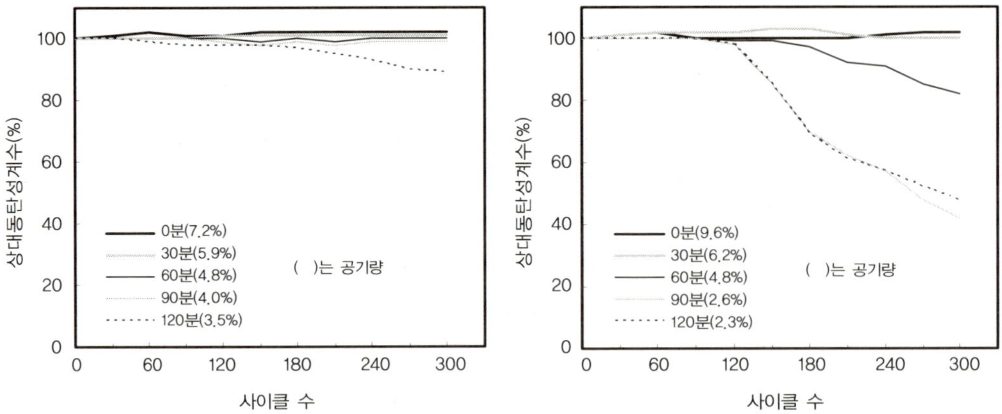

그림 3.43 **플라이 애쉬를 사용한 고유동 콘크리트의 동결 융해 저항성**

고유동 콘크리트는 반응성이 늦은 혼화재, 고성능 감수제 및 증점제를 다량으로 사용하기 때문에 응결 및 초기 강도가 지연되고, 이러한 지연은 저온에서 더욱 현격히 발생하기 때문에 동절기에 타설할 경우에는 초기 동해를 받을 우려가 있다. 또한 $CaCl_2$ 및 NaCl 등의 제설제와 동결 융해의 복합작용에 의해 발생하는 콘크리트의 표면층이 박리하는 스케일링에 대해서도 물-결합재비가 낮은 분체계 고유동 콘크리트는 조직이 치밀하기 때문에 일반 콘크리트보다 저항성이 높고, 증점제계 고유동 콘크리트는 유사한 것으로 알려져 있다.

3.4.3 염해 저항성

해안 근처 구조물은 해수 비말이나 비래 염분 등 염화물 이온이 콘크리트 내부로 침투하므로 철근 부식에 대한 충분한 내구성을 갖도록 재료·배합·설계·시공의 각 방면에서 대책이 필요하고, 콘크리트 표준시방서의 「해양 콘크리트」 규정에 따르도록 한다.

그림 3.44는 고유동 콘크리트와 일반 콘크리트에 대해서 물-결합재비와 염소 이온의 침투 깊이 관계를 나타낸 것으로 고유동 콘크리트는 일반 콘크리트와 동등 이상의 염해 저항성을 가지는 것으로 나타났다.

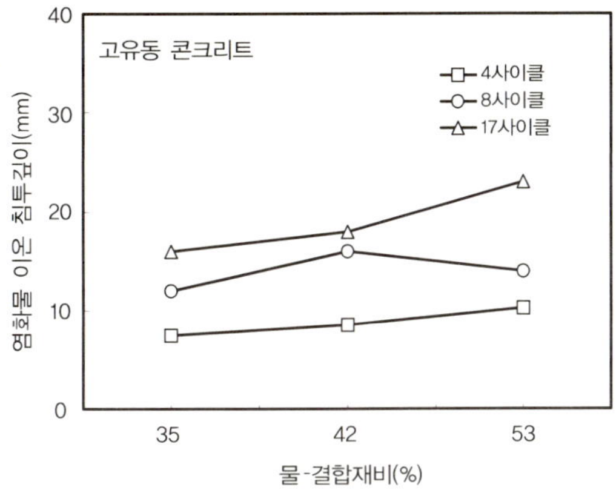

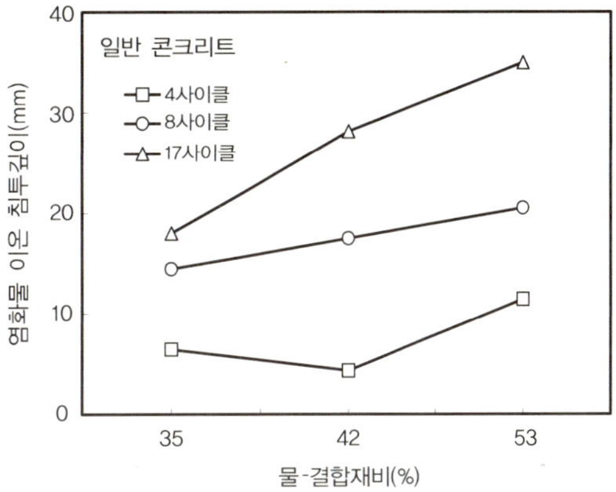

그림 3.44 **콘크리트 종류에 따른 물-결합재비와 염소 이온의 침투 깊이와의 관계**

분체계 고유동 콘크리트는 물-결합재비가 작고, 고로 슬래그 미분말, 플라이 애쉬 등의 혼화재를 사용하는 배합적인 측면과 블리딩이 매우 작기 때문에 공극 구조가 치밀해져 염소 이온 침투에 대한 저항성은 그림 3.45 및 그림 3.46에 나타낸 바와 같이 비교적 양호하다는 보고가 많다. 그림 3.47은 고로 슬래그 미분말을 사용한 고유동 콘크리트의 염소 이온 침투 저항성을 평가한 결과이다. 시험은 염소 이온 농도 3 퍼센트의 수용액에 3개월 침지시킨 다음 콘크리트 깊이별로 전 염분량을 측정하여 확산계수를 추정하였다. 그 결과, 고로 슬래그 미분말의 혼입률이 증가할수록 염소 이온 확산계수는 낮아지는 것으로 나타났으며, 동일한 물-결합재비 또는 혼입률에서 비교할 경우에는 고유동 콘크리트가 일반

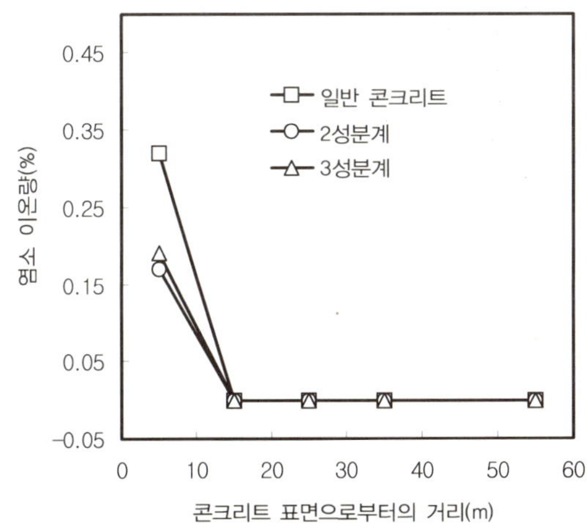

그림 3.45 **고유동 콘크리트의 염소 이온 침투 저항성**

콘크리트에 비해 염소 이온 침투 저항성이 우수한 것으로 나타났다.

콘크리트의 염소 이온 침투 저항성은 사용하는 혼화재 종류 및 양, 물-결합재비, 양생 방법 등에 따라 다르기 때문에 내염해성이 요구되는 경우에는 검증된 시험 방법으로 고유동 콘크리트의 염소 이온 침투 저항성을 평가한 다음에 사용할 필요가 있다.

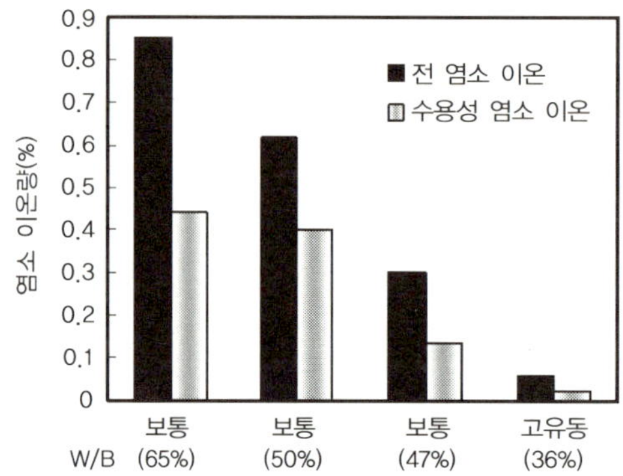

그림 3.46 **플라이 애쉬 사용 고유동 콘크리트의 염소 이온 침투 저항성**

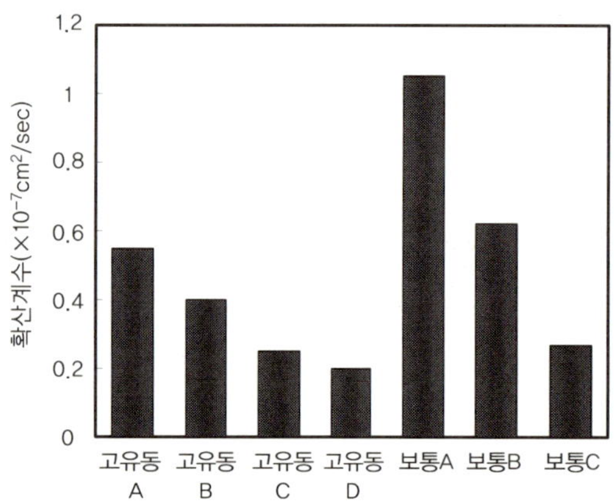

종류	W/C (%)	W/B (%)	BS 치환율 (%)
고유동 A	50	50.0	0
고유동 B		44.8	15
고유동 C		40.5	30
고유동 D		34.1	60
보통 A		50.0	0
보통 B		50.0	0
보통 C		34.1	60

그림 3.47 **고로 슬래그 미분말 사용 고유동 콘크리트의 염소 이온 침투 저항성**

3.5 내화성 · 내열성

철근 콘크리트 구조물 또는 부재는 내화 구조로서, 일반적으로 건축기준에 정해진 피복 두께를 확보해 놓으면 내화성에 대한 검토는 필요 없다. 그러나 재료 분리 저항성을 높이기 위하여 다량의 분체를 혼입하고 낮은 물-결합재비를 사용한 고유동 콘크리트는 강도가 고강도화됨에 따라 조직이 치밀하기 때문에 일반 콘크리트에 비하여 건조되기 어렵고, 수증기압의 배출도 어렵게 되어 화재가 발생할 경우에는 폭렬 등의 피해를 받을 수 있다. 고유동 콘크리트의 내화 시험 결과에 의하면, 사용하는 혼화재 혹은 증점제의 종류 및 사용량에 따라 폭렬이 발생하는 것이 확인되고 있다.

사진 3.3은 폴리프로필렌 섬유(PP) 혼입률 변화에 따른 물-결합재비 25 퍼센트인 고유동 콘크리트의 내화 시험 결과를 나타낸 것으로, 보통 포틀랜드 시멘트 및 플라이 애쉬 그리고 고로 슬래그 미분말을 사용한 경우에는 폭렬에 대한 저항성이 확인되나, 실리카 퓸을 사용한 경우 폭렬에 취약함을 알 수 있다.

한편, 표 3.3은 ϕ150×300 mm의 원주 공시체의 밀봉 양생을 실시하고 재령 3개월이 경과한 후 표준 가열 곡선에 따라 1시간 가열한 다음 폭렬 상황을 평가한 결과이다. 플라이 애쉬 혹은 증점제를 많이 사용한 고유동 콘크리트의 공시체에서 폭렬이 많이 발생한 것으로 나타났다. 보통 포틀랜드 시멘트를 사용한 경우 또는 고로 슬래그 미분말을 사용한 고유동 콘크리트의 경우에는 증점제를 400 g/m^{3}까지 사용하여도 폭렬은 확인되지 않았지만, 증점제의 사용량을 700 g/m^{3}로 한 경우와 증점제를 사용하지 않은 플라이 애쉬를 사용한 고유동 콘크리트에는 폭렬이 발생하는 것으로 나타났다. 폭렬된 부분의 깊이는 대부분 20~40 mm 정도로 나타난 결과로부터 내화성이 요구되어지는 부재에 고유동 콘크리트를 사용하는 경우는 폭렬이 발생하기 어려운 재료를 선정하거나 피복 두께를 충분히 확보해야 한다.

구분	PP 0.05 %			PP 0.10 %			PP 0.15 %		
OPC 100 %									
	1등급	1등급	1등급	1등급	1등급	1등급	1등급	1등급	1등급
FA 30 %									
	1등급	1등급	1등급	1등급	1등급	1등급	1등급	1등급	1등급
SF 30 %									
	4등급	4등급	3등급	3등급	3등급	3등급	3등급	3등급	3등급
BS 30 %									
	1등급	1등급	1등급	1등급	1등급	1등급	1등급	1등급	1등급
FA+SF 20+10 %									
	1등급	1등급	1등급	1등급	1등급	1등급	1등급	1등급	1등급

사진 3.3 혼화재 종류 및 PP섬유 혼입률 변화에 따른 폭렬 모습

표 3.3 내화 시험의 결과

콘크리트의 종류	결합재의 종류	물-시멘트비 또는 물-결합재비(%)	혼화재의 치환율 (%)	증점제의 사용량 (g/m^3)	폭렬된 공시체 개수 (3개중)
보통 콘크리트	보통 포틀랜드 시멘트	35	–	–	–
		42			–
		53			–
		60			–
고유동 콘크리트	보통 포틀랜드 시멘트	35	–	–	–
		42		200	–
				300	–
		53		400	–
				700	3개
	보통 포틀랜드 시멘트 + 플라이 애쉬	35	15	–	1개
			30	–	–
					1개
			45	–	–
		39	30	150	2개
		42	15	–	1개
			30		2개
					3개
		47	30	450	2개
		53	15	700	3개
			30		3개
					3개
			45		3개
	보통 포틀랜드 시멘트 + 고로 슬래그 미분말	35	30	–	–
			50		–
			70		–
		42	30	200	–
			50		–
			70		–
		53	30	300	–
			50		–
			70		–
	보통 포틀랜드 시멘트 + 석회석 미분말	35	42	–	–
		42	30	200	–

04 장 고유동 콘크리트의 성능 평가 방법

4.1 개요

고유동 콘크리트의 반죽질기에 관한 각종 성질은 그림 4.1과 같이 유동성, 부착성, 분리저항성, 간극 통과성, 충전성 등 다양한 용어로 표현된다. 이러한 용어는 1.4절에서 정의되어 있다. 이 장에서는 기존에 평가되고 있는 고유동 콘크리트의 굳지 않은 상태의 유동성 평가 시험 방법을 재정리하고자 하며, 아울러 정량적인 시험평가 방법인 유변학(rheology) 시험에 대하여 소개하고자 한다.

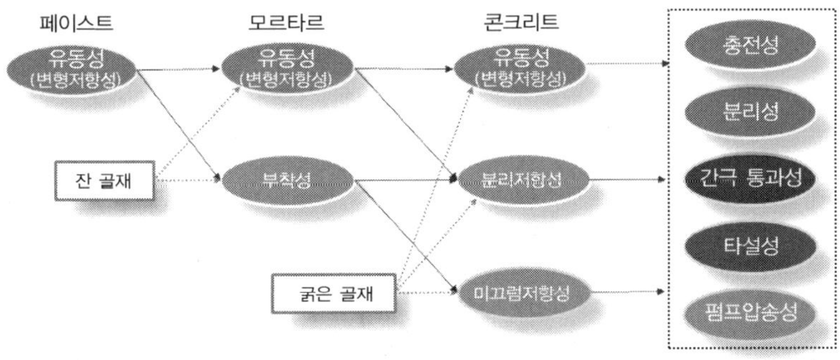

그림 4.1 반죽질기의 관련 성능[7)]

4.2 유동성

앞서 반죽질기 특성을 평가하는 시험 방법은 표 4.1과 같이 분류할 수 있다.

4.2.1 유동성에 관한 평가 시험

유동성에 관한 평가 시험 방법은 여러 가지 방법이 제안되고 있다. 이러한 시험 방법에는 자중 또는 외력 등에 의해 변형하고, 그때 발생하는 최종 변형량, 즉 연도를 평가 값으로 하는 방법이 있으며, 그때 변형에 필요로 하는 시간을 측정하여 변형 속도, 즉 점도를 구하여 평가 값으로 하는 것이 있다. 시험 방법을 장비별로 분류하면 슬럼프형, 박스형, L자형, 로트형의 4타입으로 분류할 수 있으며, 각 시험 방법 및 특성은 다음과 같다.

표 4.1 고유동 콘크리트의 반죽질기 평가 시험 방법[8)]

평가 특성	측정 항목	하중	평가 시험	비 고
유동성 (변형저항성)	최 종 변형량	자중	• 슬럼프 플로 • L형 플로, Box형	• 자중에 따른 횡 흐름 거리 측정, 항복 값에 좌우
		외력	• 슬럼프 플로	• 외력으로 항복 값, 점성의 영향을 받음
	변형 속도	자중	• 슬럼프 플로 • L형 플로 속도 • V로트 유하 시험	• 동일 항복 값에서 점성 비교 • 속도측정의 오차 큼 • 초기속도 측정연구 필요
		외력	• 구인상 시험 • 전단박스 시험	• 하중 및 변형 제어로 측정 • 항복 값, 소성 점도 측정
부착성	부착력 점착력	외력	• 평판 플라스터미터	• 변형 속도 및 응력으로 측정 • 항복 값, 소성 점도 측정
분리 저항성	골재량	자중	• 체가름 시험 • 배근 박스형 시험	• 골재분리의 정량화 가능 • 육안으로 측정 가능
		외력	• 진동침강 시험	• 제어진동 시험
간극 통과성	유 량 유동 속도	자중	• V로트 시험 • 배근 Load 유하 시험 • 배근 박스 유하 시험 • 배근 L플로 시험	• 변형저항성, 분리저항성 • 시험 장치 크기 영향 • 수직형 및 수평형
충전성	충전 상황	자중	• 장애물 설치한 거푸집 충전 시험	• 최종 평가 시험 • 정량적 평가 곤란

1) 슬럼프형 시험

슬럼프 시험 방법은 굳지 않은 콘크리트의 반죽질기를 측정하는 대표적인 시험 방법이며 재료의 특성상 고유동 콘크리트의 경우 슬럼프 플로 시험에 의해 유동성을 평가하는 경우가 대부분이다.

슬럼프 플로의 대표적인 시험 방법은 KS F 2594의 굳지 않은 콘크리트의 슬럼프 플로 시험 방법이며, 슬럼프 플로 값은 슬럼프 값과 마찬가지로 콘크리트의 최종 변형량의 측정값으로 콘크리트의 연도(항복 값)와 관계한 특성을 나타내는 시험이다. 따라서 슬럼프 플로 시험 시에는 일정 구간의 퍼짐 속도를 측정하는 것이 중요하다. 그림 4.3은 고유동 콘크리트의 슬럼프 플로 값과 500mm 플로 도달 시간과의 관계를 나타낸 것이다.

DIN 1048의 스프레드 시험은 그림 4.2(b)에 나타낸 장비의 콘에 콘크리트를 채우고 콘을 들어 올린 후 한쪽 손잡이를 40 mm 높이에서 낙하시키는 것을 15회 반복하여 퍼져나간 직경을 측정하는 방법으로, 유동성이 큰 콘크리트의 워커빌리티를 판정하는 방법으로 이용된다. 그림 4.4는 스프레드 값과 플로 값의 관계를 나타낸 것이다.

이와 동일한 원리로서 그림 4.2(c)와 같이 플로 테이블 위에 슬럼프 시험과 유사한 콘을 이용하여 콘크리트를 채우고 콘 제거 후 15회 낙하를 실시하여 콘크리트의 퍼진 정도로 유동성을 평가하는 방법이 ASTM C 124에 규정되어 있었으나, 현재는 폐지된 상태이다. 또

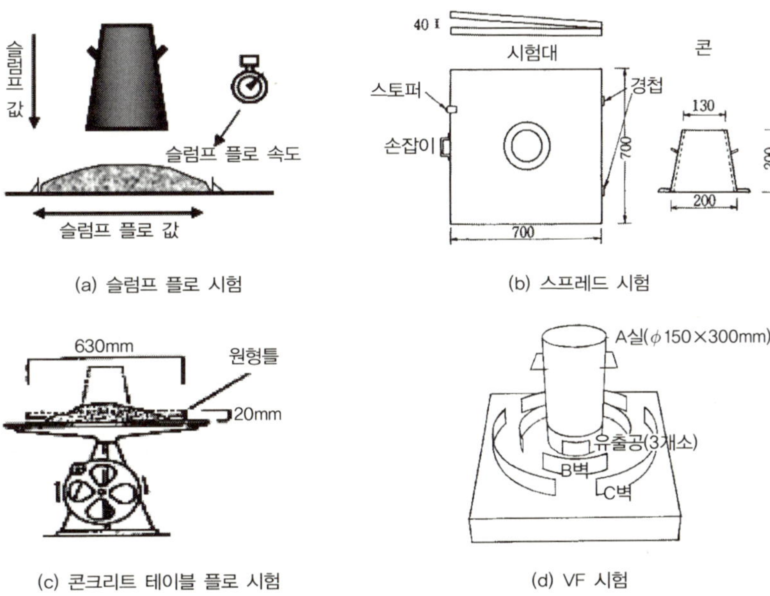

(a) 슬럼프 플로 시험 (b) 스프레드 시험

(c) 콘크리트 테이블 플로 시험 (d) VF 시험

그림 4.2 유동성 관련 슬럼프형 평가 시험[8, 10]

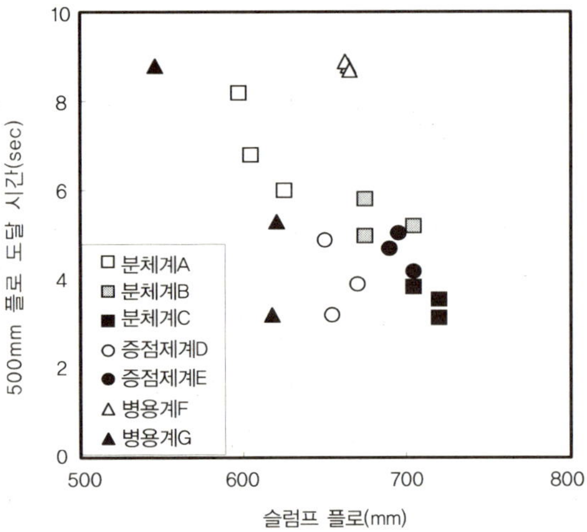

그림 4.3 슬럼프 플로와 500 mm 도달 시간과의 관계[11)]

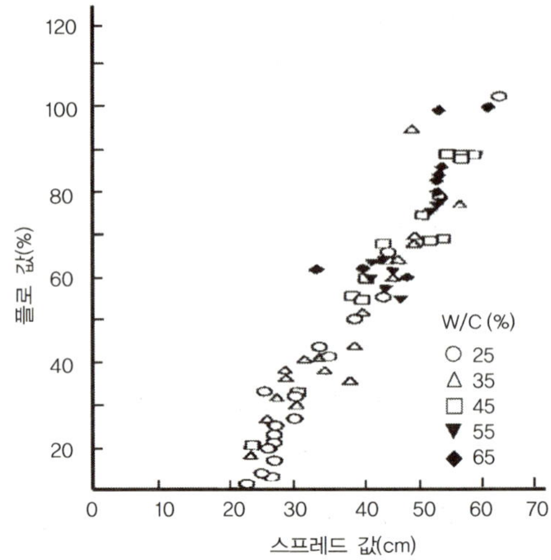

그림 4.4 스프레드 값과 플로 값의 관계[10)]

한, 변형된 평가 방법으로 VF시험 등과 같이 플로 테이블 상에 장애물을 설치하여 콘크리트 변형 후의 퍼짐이나 변형 속도 등을 측정하는 방법이 있다.

2) 박스형 시험

그림 4.5는 박스형 유동성 평가 시험 방법의 대표적인 사례를 나타낸 것이다. 박스형 유동성 평가 방법은 2실의 한쪽 편에 콘크리트를 채우고 출구를 열어 다른 한편으로 유동시켜 정지했을 때의 2실의 높이 차(헤드에 의한 압력차이), 플로 값 및 변형속도 등을 평가 값으로 하는 방법이다. 그림 4.6에 나타낸 바와 같이 슬럼프 값이 클수록 A실의 침하량이 큰 것을 알 수 있다.

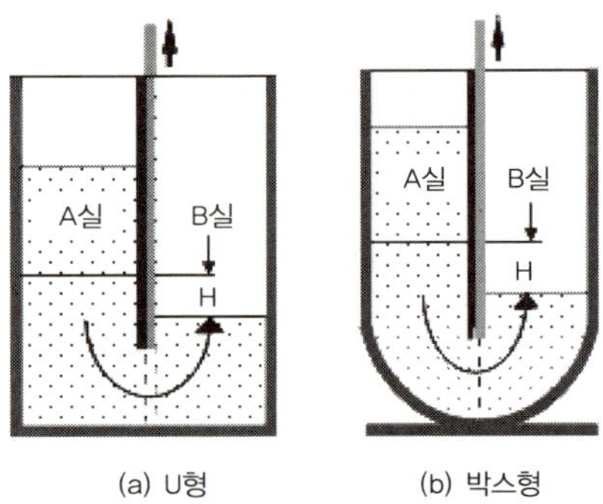

그림 4.5 유동성 관련 박스형 평가 시험[9, 11)]

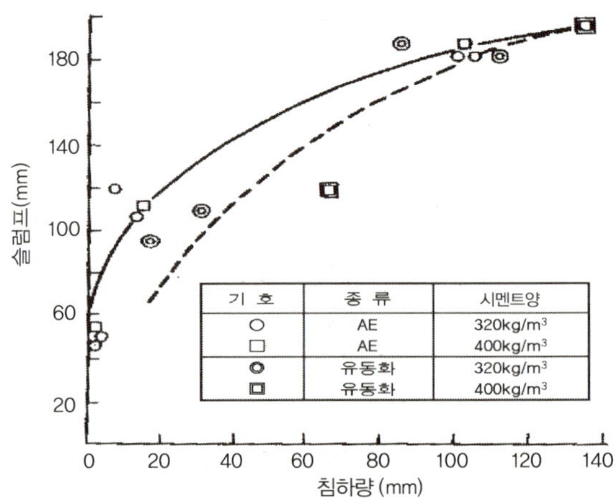

그림 4.6 박스형 충전시험 결과 일례[9, 11)]

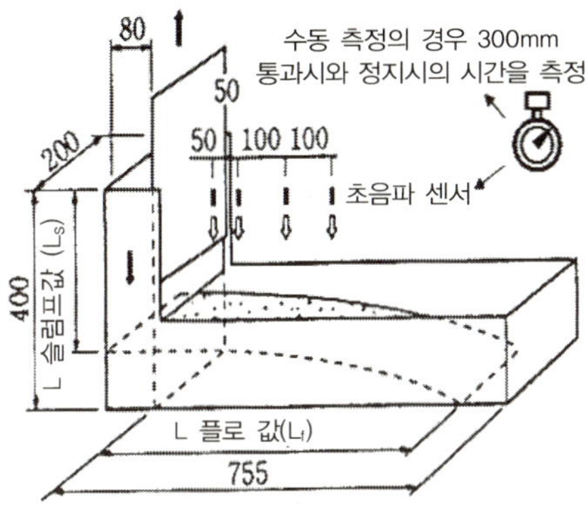

그림 4.7 L플로 시험 평가 방법[9, 11]

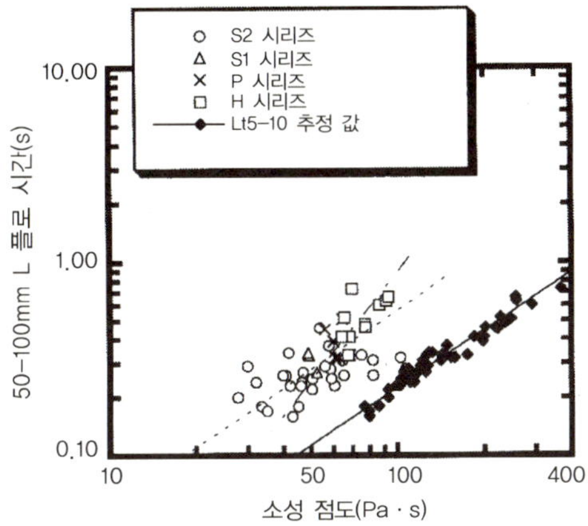

그림 4.8 플로 속도와 소성 점도와의 관계[9, 11]

3) L자형 시험

L플로 시험은 시료를 일방향으로만 유동을 시키기 때문에 측정 값의 편차가 적고, 플로 값 및 플로 시간의 측정에 관한 개인차가 적은 것이 특징이다. 그림 4.7은 L플로 시험 방법의 대표적인 사례를 나타낸 것이다. L플로 시험은 박스형 유동성 시험과 마찬가지로 수직틀 안에 콘크리트를 채우고 개구부를 열어 수평틀 안으로 유동시켜, 그때의 슬럼프 값이나 플로 변형 속도를 평가 값으로 한다. 플로 속도는 개구부에서 50 mm 및 100 mm 지점을 통과하는 시간을 적외선 또는 초음파 센서로 측정할 수 있다. 또한 이와 같은 측정 장비가 없을 경우 스톱워치로 시작부터 300 mm까지의 통과 시간과 정지까지의 시간을 측정할 수 있다. 이렇게 구해진 값들은 콘크리트가 가지고 있는 점성을 상대 비교할 때 이용할 수 있다. 그림 4.8에 나타낸 것처럼 유변학 정수와의 비교 사례를 볼 때 L플로 속도는 점성에 의존하고 있음을 알 수 있다.

4) 로트형 시험

로트형은 소정량의 콘크리트가 로트부를 낙하하는 시간을 측정하고 유량(유하 속도, 일종의 변형 속도)을 구하는 방법이다. 그림 4.9는 이러한 시험 가운데 대표적인 장치를 나타낸 것이다. 또한 이러한 시험 방법의 변형 속도를 구하는 경우 변형 시작부터 정지까지의 시간으로 구하면 정지 시간의 판정이 어려워 오차가 발생할 수 있기 때문에 주의할 필요가 있다.

그림 4.10은 평균 유하 속도와 500 mm 플로 도달 시간과의 관계에 대한 일례를 나타낸

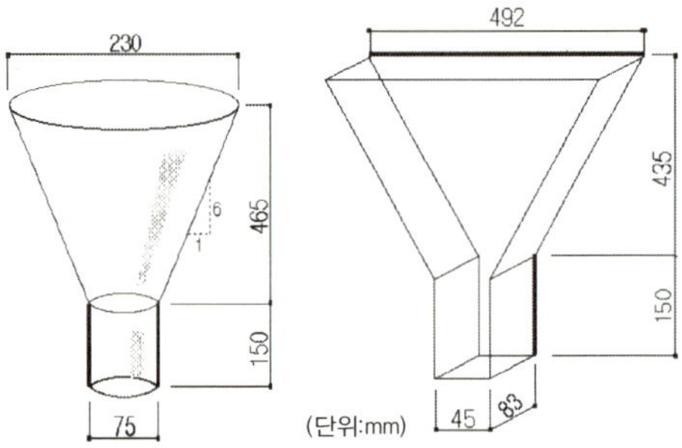

(a) O 로트 (b) V 로트

그림 4.9 로트형 유동성 시험 평가 방법[9, 10]

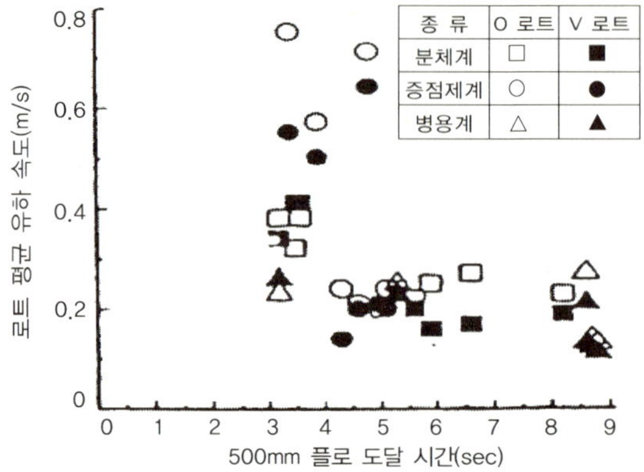

그림 4.10 로트 시험과 슬럼프 플로 시험과의 관계[10]

것으로 500 mm 플로 도달 시간이 5초 이상일 경우 평균 유하 속도는 0.15 ~ 0.25 m/s로 크게 변하지 않으나, 4초 미만의 경우는 평균 유하 속도가 0.2 ~ 0.75 m/s로 심한 변화를 보이고 있다.

4.2.2 분리 저항성에 관한 평가 시험

고유동 콘크리트의 경우 분리 저항성으로서는 가장 문제가 되는 모르타르와 굵은 골재의 분리를 대상으로 하는 것이 대부분이다. 분리 저항성에 관한 시험 방법으로서는 정적 및 동적(진동)인 조건하에서 모르타르와 굵은 골재의 밀도 차이에 의해 생기는 분리의 저항성을 평가하는 것과 콘크리트 유동 시의 간극부를 통과할 때 발생하는 모르타르와 굵은 골재의 분리 저항성을 평가하는 방법 등이 있다.

밀도 차이에 의해 생기는 분리 저항성 시험 방법으로서는 침강 분리 시험형과 소정의 용기에 일정한 방법으로 콘크리트를 채우고 정적 또는 일정의 진동을 가한 후 용기 상하에서의 모르타르양 또는 굵은 골재량의 차를 측정하여 평가 값으로 한다. 그림 4.11(a)의 체 분리 시험형은 용기 저면에 철망체(5 mm 망체)를 설치하고, 콘크리트를 채워 정치 혹은 일정한 진동을 가했을 때에 용기 저면으로 통과하는 모르타르양을 측정하여 평가기준으로 하는 방법이며, 다음과 같은 분리지수로 표현하고 있다.

$$\text{분리지수}(SI) = \frac{\text{체를 통과한 모르타르 질량}}{2\ell \text{ 콘크리트내의 모르타르 질량}} \times 100(\%) \tag{4.1}$$

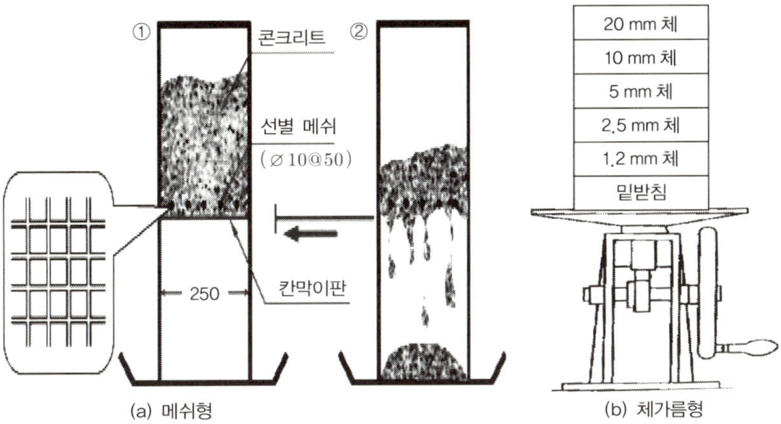

그림 4.11 **스크린 통과 시험에 의한 분리 저항성 평가 방법**[9, 10]

그림 4.11(b)의 방법은 모르타르 테이블 위에 표준체(1.2 ~ 20 mm)를 올려놓고 이 위에 콘크리트를 약 2,500 g을 넣고 1초에 1회 간격으로 25회를 타격한 후 각 체에 남는 질량을 측정하여 평가하는 방법 등이 있다.

그림 4.12는 낙하 시험에 의한 분리 저항성 시험 방법을 나타낸 것이다. 굳지 않은 콘크리트를 일정 높이에서 낙하시켜 분리 정도를 파악하는 시험으로서 낙하시키는 바닥면에는 원추형 콘을 설치하여 콘에 떨어진 콘크리트의 비산 거리를 기준으로 분리 정도를 파악하는 방법이다. 분리의 정도는 그림 4.12와 같이 A, B, C영역으로 구분하고 있으며 A영역은 분리 발생, B영역은 분리가 발생하지 않는 범위로 하고 있으며, 여기서 얻어진 분리 정도를 다음 식에 의해 분리계수를 구하도록 하고 있다.

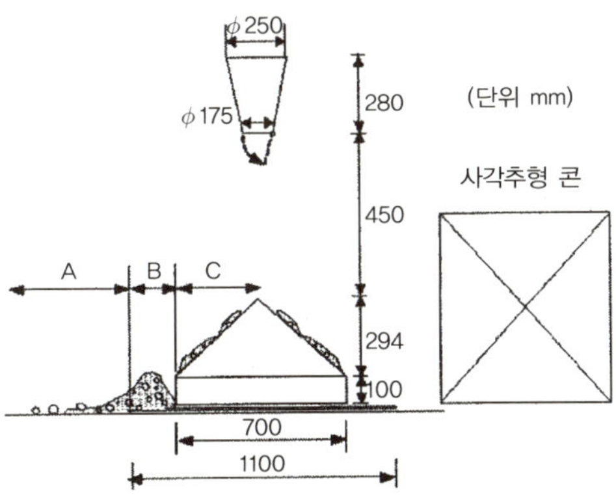

그림 4.12 **낙하에 의한 재료 분리 저항성 시험**[9]

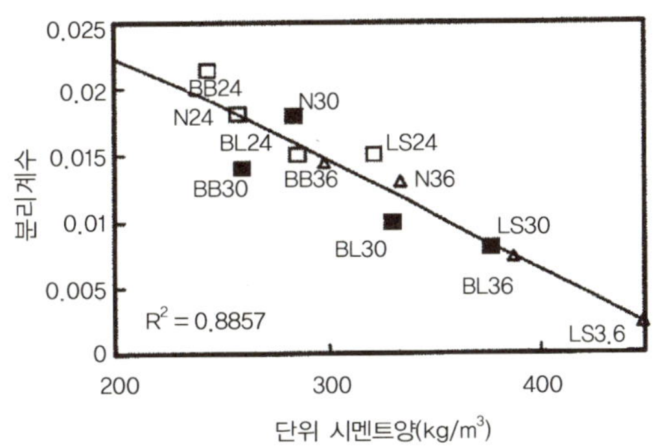

그림 4.13 **단위 시멘트양과 분리 지수**[9]

$$분리\ 지수 = (G_A - G_O) \times \frac{M_A}{M_A + M_B + M_C} \quad (4.2)$$

여기서, G_A : A영역의 굵은 골재와 콘크리트의 질량비

G_O : 원 콘크리트의 굵은 골재/콘크리트

M_A, M_B, M_C : A, B, C영역의 콘크리트의 질량

그림 4.13은 위의 식에 의해 얻어진 단위 시멘트양과 분리 지수와의 관계를 나타낸 것이다. 그림에서 알 수 있듯이 분리 지수는 단위 시멘트양과 음의 상관을 나타내며, 낙하에 의한 재료 분리 저항성은 콘크리트중의 분체량과 관계가 있음을 알 수 있다.

그림 4.14는 간극 통과 시험에 의한 재료 분리 저항성을 평가하는 방법으로서 장치별로 분류하면 L자형, 박스형으로 구분할 수 있다. 그림 4.14(a)와 같이 L플로형은 L플로 시험과 동일한 방법으로 콘크리트 유출구에 철근 등 장애물을 설치하고, 장애물 통과 전후에서의 모르타르양 또는 굵은 골재량의 차이를 측정하여 평가 기준으로 하는 방법이다. 박스형도 L플로 시험과 동일한 방법으로 2실 간에 설치한 장애물을 통해 이동한 양을 측정하는 방법이다.

이외에도 건설 현장에서 재료 분리 여부를 간이적으로 평가하기 위한 수법 등이 제안되고 있다. 그림 4.15와 같이 슬럼프와 슬럼프 플로와의 상호 관계를 이용하여 재료 분리 여부를 판단하는 재료 분리 평가 지수(Evaluation Index for Segregation : EIS)를 제안하였고, 식 (4.3)과 같이 슬럼프 플로 값을 슬럼프 값으로 나눈 기준 값을 이용하여 재료 분리 여

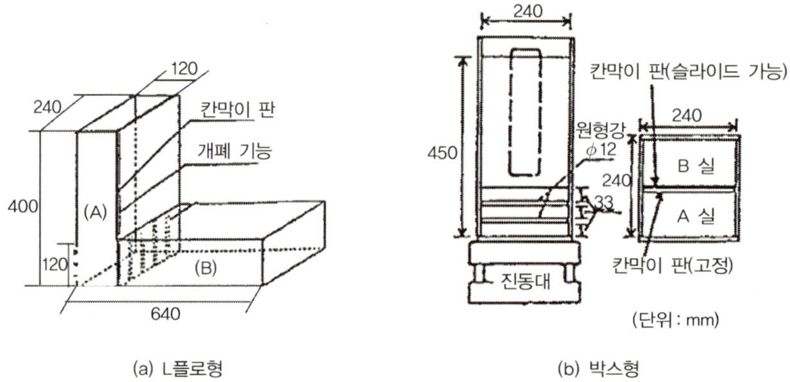

(a) L플로형　　(b) 박스형

그림 4.14 분리 저항성 관련 박스형 시험[9, 10]

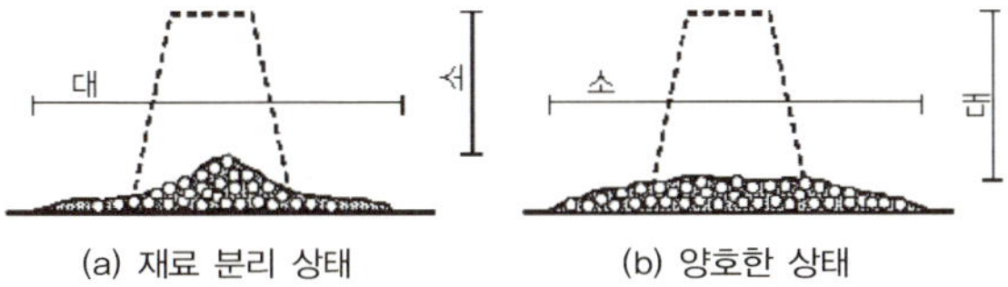

그림 4.15 EIS의 기본 개념[2)]

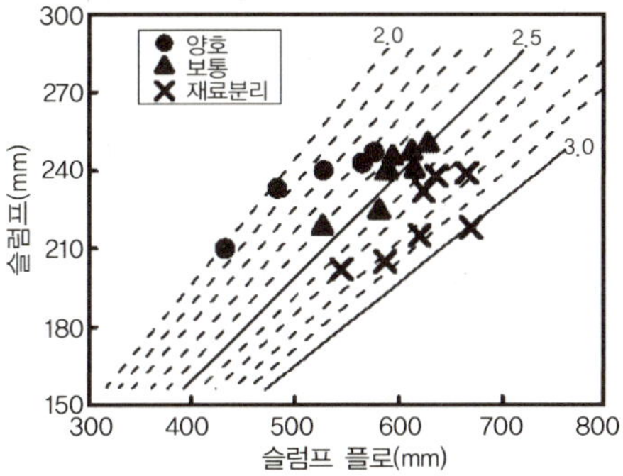

그림 4.16 EIS에 의한 재료 분리 평가 일례[2)]

부를 평가하였다. 그림 4.16은 EIS의 결과 값으로 EIS 지수가 커질수록 재료 분리가 커짐을 의미하며, 실험 결과에서는 2.5의 경우가 가장 양호한 재료 분리 저항성을 나타내는 것으로 보고하고 있다.

$$\mathrm{EIS} = \frac{\text{슬럼프 플로(mm)}}{\text{슬럼프(mm)}} \tag{4.3}$$

그림 4.17은 원통 관입 시험 방법을 나타낸 것이다. 원통 관입 시험은 관 끝단이 막힌 중공 원통의 측면에 모르타르 유입용 개구부를 설치한 것으로 개구부에서 원통 내로 유입된 모르타르양에 의해 콘크리트의 반죽질기를 평가하는 방법이다. 그림 4.17과 같이 원통 관입 시험의 치수는 관내경 30 mm, 관입 부분 길이 235 mm, 구멍 직경 7 mm, 구멍의 총

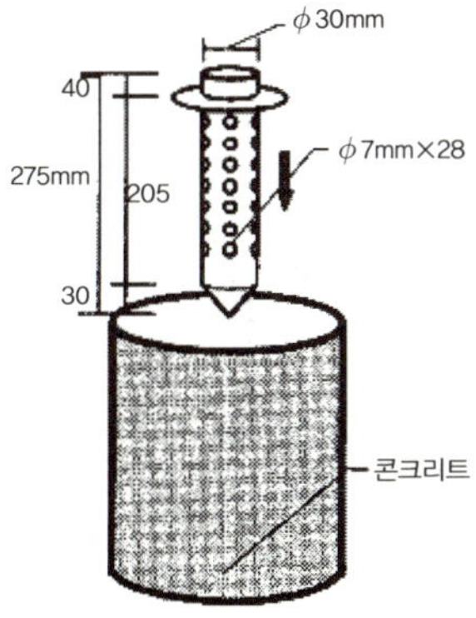

그림 4.17 원통 관입 시험[4)]

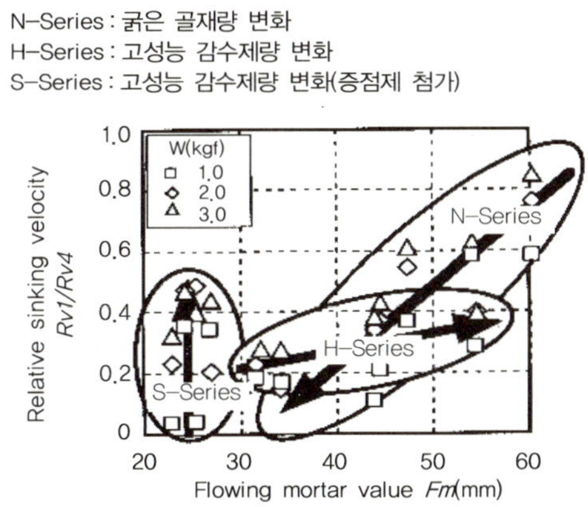

그림 4.18 원통 관입 시험 결과 일례[13)]

수는 28개로 되어 있다. 이 시험은 고유동 콘크리트의 재료 분리 저항성의 간단한 평가가 비교적 가능하며, 현장에서의 품질관리용으로서 이용이 가능한 것으로 보고되고 있다. 그림 4.18은 원통 관입 시험의 일례로 링 관입 시험의 침하 속도비(Rvl)와 원통 관입 시험의 유입 모르타르 값(Fm)과의 관계를 나타낸 것이다. 그림에서 알 수 있듯이 굵은 골재량 변화에 관해서는 두 시험 방법의 분리 저항성 평가는 거의 일치하고 있으며, 고성능 감수제량 변화에 관해서는 증점제의 첨가 유무에 따라 다른 경향을 나타내고 있다.

4.2.3 간극 통과성에 관한 시험

간극 통과성은 배근 상황, 거푸집 형상 또는 압력 등 시공 조건의 영향을 받으며, 고유동 콘크리트에 대해 철근을 장애물로 한 여러 가지 타입의 시험 방법이 제안되고 있다. 간극 통과성 시험 방법은 고유동 콘크리트가 거푸집 협소부나 철근부를 통과하는 경우를 가정한 시험 방법이 대부분이다. 즉, 거푸집 협소부에서의 통과성을 평가하는 방법으로 로트형 및 슬럼프형이 있으며, 철근부에서의 통과성을 평가하는 것으로서 슬럼프형, L자형, 망체형 등이 제안되고 있다. 이러한 시험 방법의 대부분이 간극부를 통과할 때 소요되는 시간 및 통과 시간이나 통과한 콘크리트양으로 직전 통과성의 평가 값으로 하고 있다.

1) 로트형 시험

그림 4.19는 로트형 간극 통과 시험의 일례를 나타낸 것이다. 로트형 시험은 유동성을

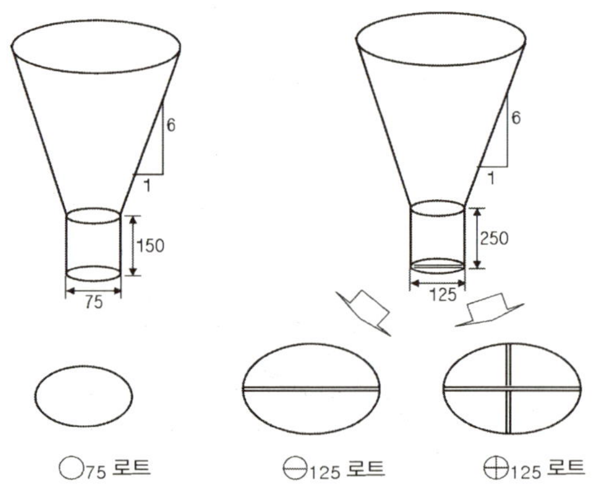

그림 4.19 로트형 간극 통과성 시험[9)]

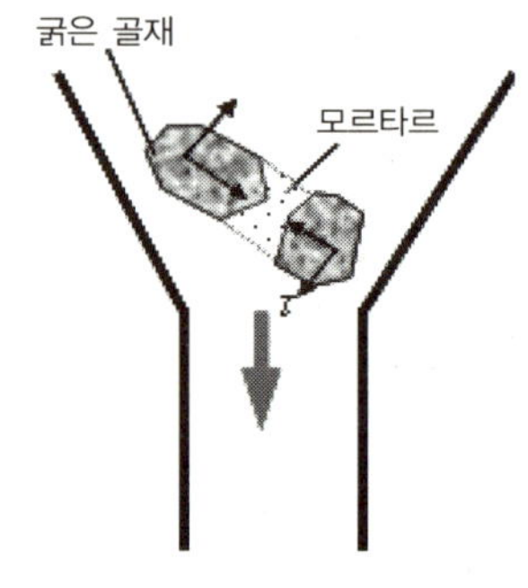

그림 4.20 로트 간극 통과 시 내부 모식도

평가하기 위한 시험 방법이나 기본적으로 일정량의 콘크리트를 채우고 유하 후 좁혀진 부분을 소정량의 콘크리트가 통과할 경우, 그림 4.20과 같이 내부 골재가 상호 마찰에 의해 내부 응력이 발생하기 때문에 로트 시험을 통해 간극 통과성을 평가할 수도 있다.

2) 슬럼프형 시험

슬럼프형 시험은 원통의 밖에 원형으로 벽 형상의 장해와 콘의 회전에 선상의 장해를 설치하는 것으로, 원통 또는 콘에 소정의 콘크리트를 채우고 나서 유동시켜 각각의 장해부를 통과하는 콘크리트양을 측정함으로써 간극 통과성을 평가하는 방법이다. 그림 4.21은 슬럼프형 간극 통과성 시험 방법을 나타낸 것이다.

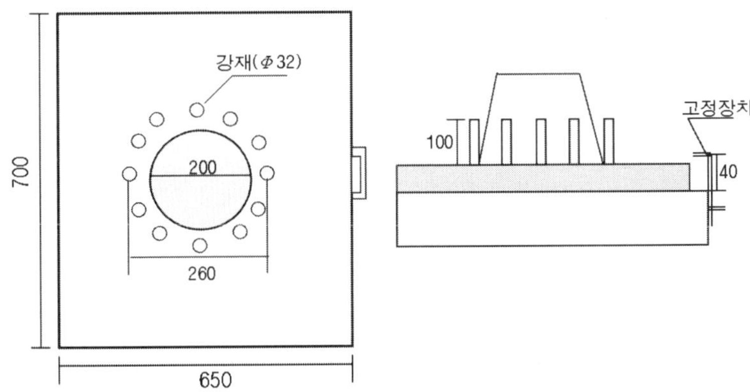

그림 4.21 슬럼프형 간극 통과성 시험[9)]

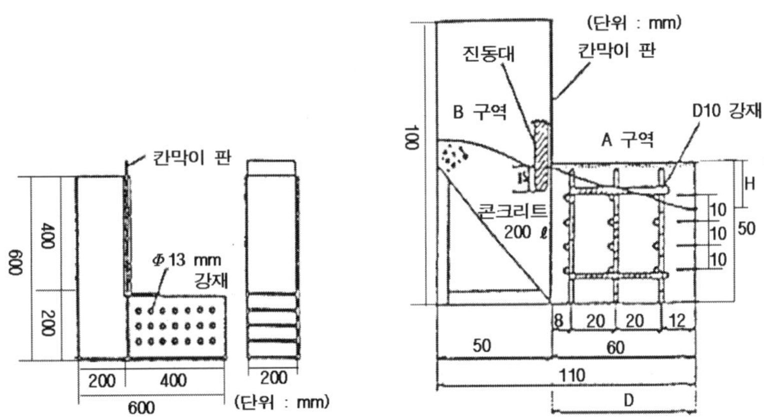

그림 4.22 L자형 간극 통과성 시험[9)]

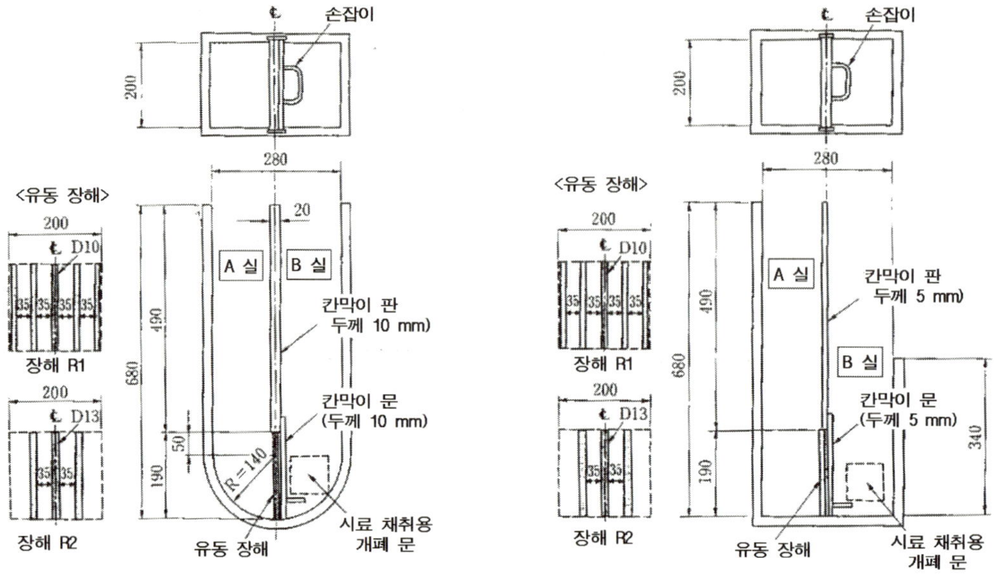

(a) U자형 장치 (b) 박스형 장치

그림 4.23 **박스형 간극 통과성 시험**[12, 20)]

3) L플로형 시험

L자형은 철근을 가정한 장해를 수평 형틀에 설치한 것으로 수직 형틀 안에 소정량의 콘크리트를 채운 후 유동시켜 소정량의 콘크리트가 철근부를 통과하는 시간이나 철근부를 통과하는 콘크리트양을 평가 값으로 간극 통과성을 평가하는 방법이다. 또한 철근은 세로로 설치하는 경우, 가로로 설치하는 경우 그리고 메쉬를 설치하는 방법 등이 있다. 그림 4.22는 L플로형 시험의 대표적인 장치를 나타낸 것이다.

박스형은 L자형과 마찬가지로 2실 간에 설치한 철근부를 통과한 콘크리트양(2실 간의 콘크리트 레벨 차)을 측정하여 간극 통과성을 평가하는 방법이다. 그림 4.23은 박스형 간극 통과성 시험을 나타낸 것이다.

4) 메쉬형 시험

메쉬형은 철근 메쉬를 가정한 망체 위에 소정량의 콘크리트를 부어넣고, 통과하는 콘크리트양으로 간극 통과성을 평가하는 방법이다. 그림 4.24는 망체형 간극 통과성 시험을 나타낸 것이다. 이러한 간극 통과성 시험은 간극부에서 분리가 발생하는 경우는 분리 저항성을 평가하게 되므로 주의할 필요가 있다.

5) 링 관입 시험

그림 4.25는 링 관입 시험 장치의 일례를 나타낸 것이다. 링 관입 시험은 링 형상의 구형강, 지지용 강봉 및 추로 구성되는 장치로써 자중에 의해 콘크리트에 관입하여 그때 침하 속도에 의해 반죽질기를 평가하는 시험 방법이다. 시험 방법으로 총 4회 관입 반복 시험을 실시하며, 1회째의 관입 시 속도에 의해 간극통과 정도를 평가하며, 관입 반복에 의해 4회째 관입 시에는 침하 속도가 거의 일정하게 되며, 1회째의 침하 속도와 4회째의 침하 속도를 침하 속도비로 하고, 이에 의해 모르타르 선행형의 폐색 가능성을 평가한다. 그림 4.26은 링 관입 시험에 의한 시험결과의 일례를 나타낸 것으로 1회째 침하 속도비(Rv1)과 상대 굵은 골재량의 관계를 나타낸 것으로, 침하 속도비는 굵은 골재량이 증가할수록 직선적으로 감소하는 경향을 나타내는 보고가 많다.

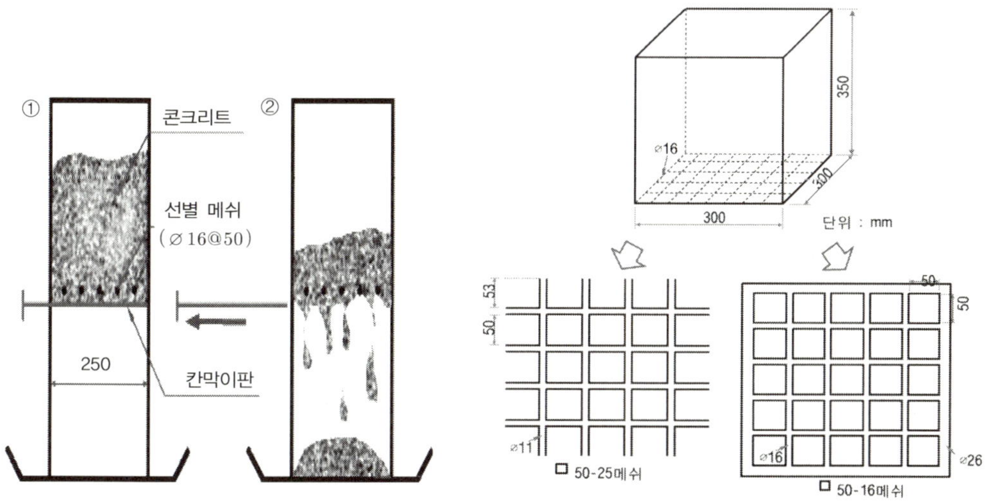

그림 4.24 망체형 간극 통과성 시험[9)]

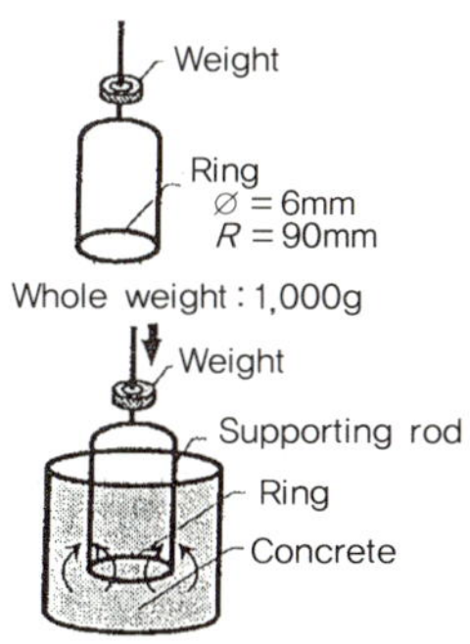

그림 4.25 링 관입 시험[14)]

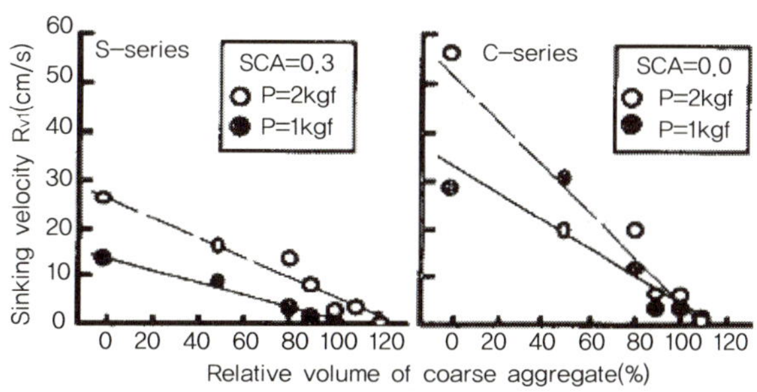

그림 4.26 링 관입 시험 결과의 일례[14)]

4.2.4 부착성에 관한 시험

부착성에 관한 시험 방법으로는 모르타르와 강판, 굳지 않은 콘크리트와 강판과의 부착력 등을 측정하는 방법이 제안되고 있다.

1) 직접 인장 부착 응력 시험

모르타르와 강판과의 부착력을 구하기 위하여 2매 철판의 사이에 모르타르를 채우고 직접 인장 상태로 2장의 철판을 당겨 떨어질 때의 인장 응력을 부착력으로 평가하는 방법이다. 부착성은 본래 미끄럼이 생기는 최소의 미끄럼 전단응력으로 정량화되는 재료의 성질이기 때문에 이 방법에 의해 구해지는 부착력은 엄밀히 말하면 기존의 부착력과는 다소 다르지만, 이 값과 본래의 부착력과의 사이에는 상관성이 있기 때문에 부착성을 평가할 수 있다. 그림 4.27은 모르타르의 부착력 관련 평가 시험의 모식도를 나타낸 것이다. 그림 4.28은 직접 인장에 의한 부착응력 시험 결과의 일례로서 최대 부착응력과 슬럼프 플로와의 관계를 나타낸 것으로 슬럼프 플로가 증가할수록 모르타르의 최대 부착응력은 감소하고 있다.

2) 마찰 저항에 의한 부착응력 시험

굳지 않은 콘크리트와 강판과의 부착력을 구하는 방법으로써 철판상에 설치한 밑판의 형틀 안에 콘크리트를 채우고 형틀을 당겨 미끄럼이 생길 때의 미끄럼 전단응력을 구하며, 이때 수직 응력에 지배되는 마찰 저항 응력분을 빼줌으로써 부착력을 구할 수 있다. 그림 4.29는 콘크리트의 부착력 관련 평가 시험의 모식도를 나타낸 것이다.

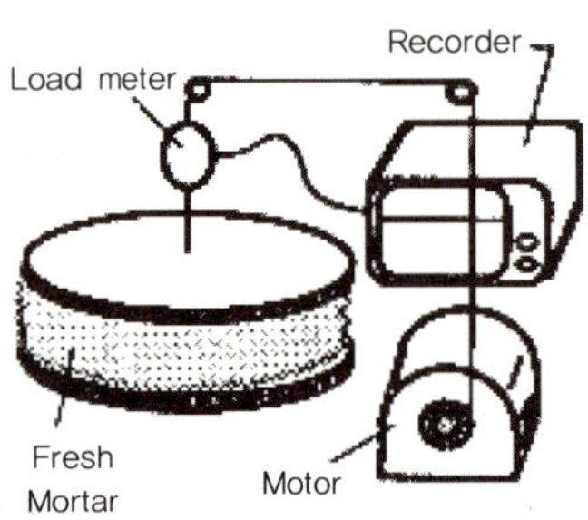

그림 4.27 부착응력 시험 장치 일례[6]

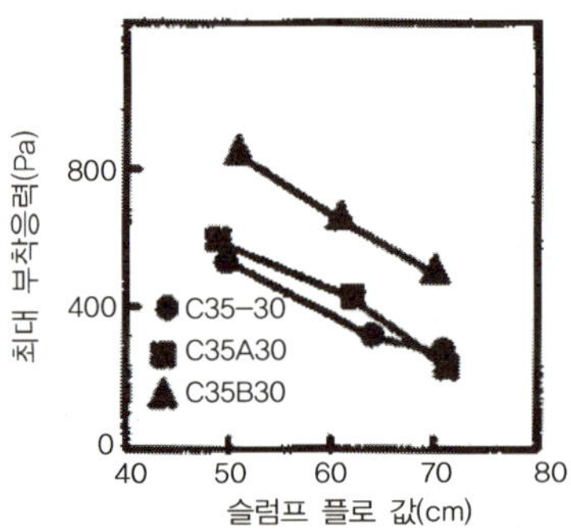

그림 4.28 부착강도 시험 결과의 일례[6]

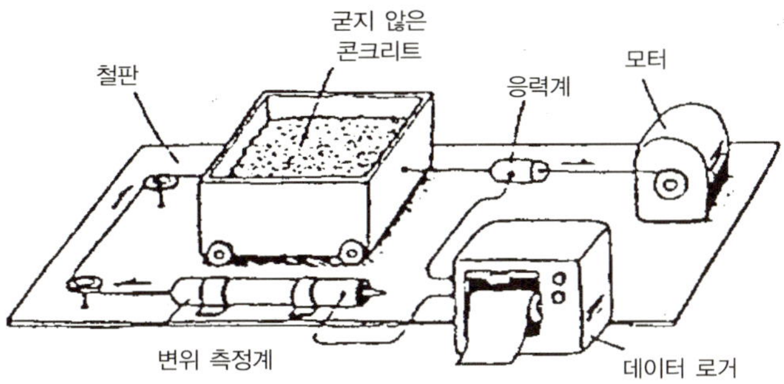

그림 4.29 마찰 저항에 의한 콘크리트의 부착력 시험[6)]

4.3 유변학 성질 평가

4.3.1 개요

일반 콘크리트에 비해 고유동 콘크리트의 반죽질기 및 워커빌리티는 크게 다르기 때문에 슬럼프 시험 등 종래의 시험 방법만으로 평가하기가 곤란하며, 앞서와 같이 일부 새로운 반죽질기 및 워커빌리티 시험 방법이 제안되어 있다. 한편, 굳지 않은 콘크리트의 반죽질기를 물리적 의미에서 보다 명확히 정량화하거나 유동 거동을 이론적으로 해석하는 것을 목적으로 굳지 않은 콘크리트 및 모르타르에 대해서 물리적 의미가 명확한 유변학 모델을 설정하고, 그 물성 값을 측정하는 방법에 대해 연구되고 있다[5, 6, 18)].

고유동 콘크리트의 유변학 모델을 빙엄유체(Bingham body)로서 가정하고 그 물성 값인 항복 값 및 소성 점도 또는 이와 관련된 계수를 측정하여 여기에서 얻어진 값에 의해 반죽질기를 정량적으로 평가하는 방법이 다수 제안되고 있다. 그 외에도 의소성 유체(pseudo-plastic)로서 가정하여 비뉴턴 점성 계수를 측정해 평가하는 방법, 또는 빙엄모델의 구성 방정식에 분체의 물성치인 모어-쿨롱의 항복조건을 도입하여 복합모델로서 물성 값(수직응력 의존성을 고려한 항복치 및 소성 점도)을 구하여 평가하는 방법 등이 있다. 이러한 물성 값을 측정하기 위해서 이용되는 시험 방법은 다음과 같다.

4.3.2 회전형 점도계 시험

그림 4.30은 회전 점도계의 개략도를 나타낸 것이며, 그림 4.31은 회전 점도 시험에 의한

반죽질기 곡선을 나타낸 것이다. 그림에 나타낸 바와 같이 내원통과 외원통 사이에 페이스트 또는 모르타르를 채우고 어느 한 축의 원통을 몇 수준의 속도로 회전시켜, 그때의 회전 각속도와 내원통의 토크 값을 측정하는 방법이다. 회전 점도계의 유동 기본식 Reiner-Riwlin의 식에 의한 전단응력과 전단 속도를 계산하여 횡축을 전단응력, 종축을 전단 속도로 하여 그림 4.31과 같이 유동곡선을 구할 수 있다. 이 유동곡선의 기울기의 역수와 전단축의 교점에서 전단 속도 및 항복 값을 계산하여 구할 수 있다.

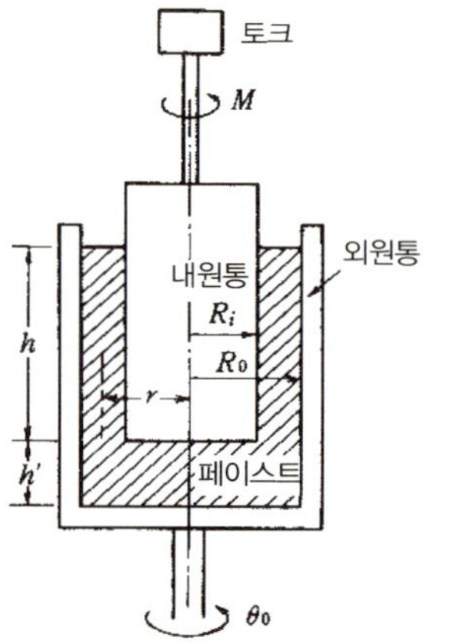

그림 4.30 **회전 점도계 개략도**[9, 11]

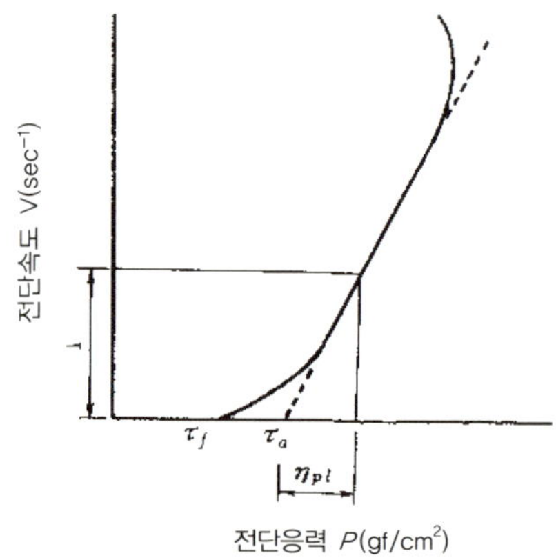

그림 4.31 **회전 점도계에 의한 반죽질기 곡선**[9, 11]

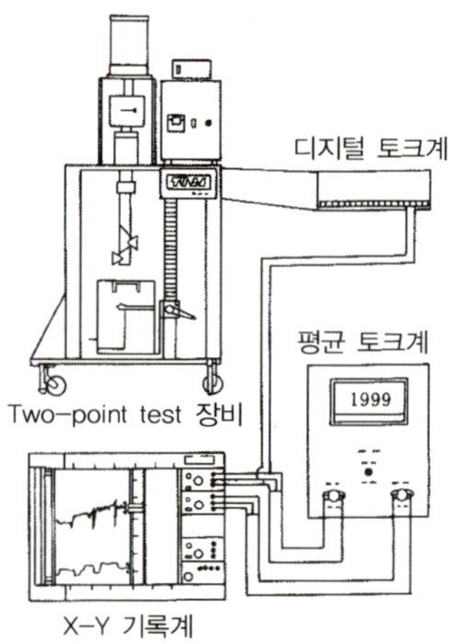

그림 4.32 **회전 날개형 점도계의 개략도**[9)]

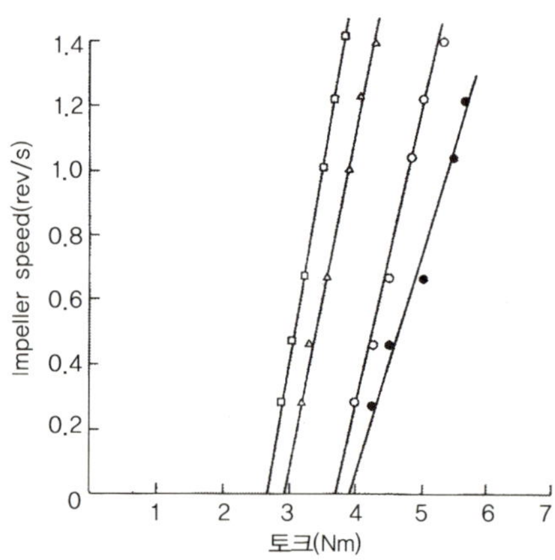

그림 4.33 **회전 날개형 점도계에 의한 측정결과 일례**[9)]

이 장치는 시멘트 페이스트 등 유동성이 양호한 시료의 경우에는 측정 값도 양호한 결과를 얻을 수 있다. 그러나 모르타르와 콘크리트는 물, 시멘트, 모래, 자갈 등으로 구성되어 있기 때문에 이 장치를 적용할 경우 오차가 커질 수 있다. 특히, 원통과 모르타르 및 콘크리트 시료 간의 슬립이 발생하는 문제점이 지적되고 있다.

그림 4.32는 회전 날개형 점도 시험 장치의 개략도를 나타낸 것이다. 이 장치는 영국의 Tattersall, Banfill 등에 의해 개발된 것으로 시료 용기 내에 시료를 채우고 1축 회전 날개를 삽입하여 회전수와 토크 값의 관계를 측정하는 시험 방법이다. 회전수와 토크 값의 관계를 식 (4.4)와 같이 직선 관계식으로 나타내고, 회전수와 토크 값의 직선 관계식의 계수를 이용하여 소성 점도 η_{pl} 및 항복 값 τ_f을 계산하여 구할 수 있다. 그림 4.33은 회전 날개형 점도 시험에 의해 얻어진 결과 값의 일례를 나타낸 것이다.

$$T = g + hN \tag{4.4}$$

$$\eta_{pl} = \frac{1}{G} g \tag{4.5}$$

$$\tau_f = \frac{K}{G} h \tag{4.6}$$

여기서, T : 토크

N : 날개의 회전수

g, h : T와 N의 직선관계식 계수

$G,\ K$: 장치정수

4.3.3 구인상 점도계 시험

구인상 점도계의 기본 개념은 그림 4.34와 같다. 즉, 시료 용기 내에 하중 센서를 부착하여 매단 강구를 들어 올려 이때 강구에 작용하는 저항력을 하중 센서에서 측정하는 방식이다. 뉴턴 유체중의 강구의 운동에 관한 Stokes의 법칙을 식 (4.7)과 같이 빙엄유체로 확장하여 도입한 식으로부터 전단 속도와 전단저항응력을 계산하고, 회전 점도계와 마찬가지로 횡축을 전단응력, 종축을 전단 속도로 설정하여 그림 4.35에 나타낸 바와 같이 유동 곡선을 구할 수 있다. 이때 유변학 정수는 최소 자승법에 의해 식 (4.9)와 같이 직선 회귀식으로 유도하여 기울기의 역수와 전단축의 교점을 각각 소성 점도와 항복 값으로 하여 구할 수 있다.

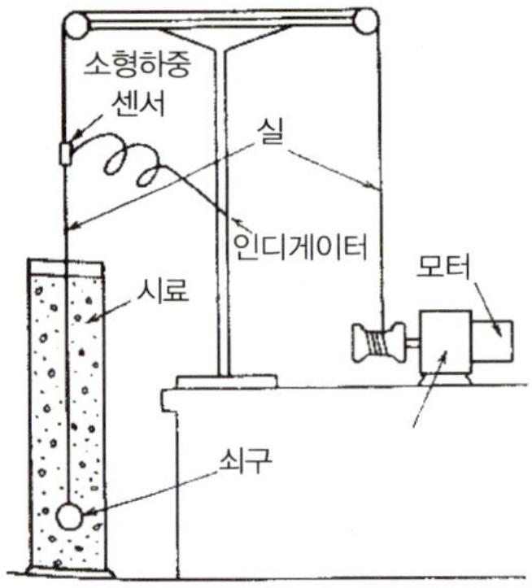

그림 4.34 구인상 점도계의 개략도[9]

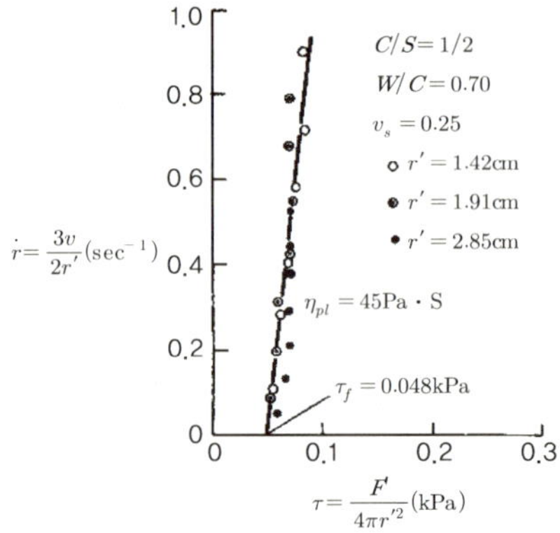

그림 4.35 구인상 점도계에 의한 반죽질기 곡선[9]

$$\dot{\gamma} = \frac{3\nu}{2r} \tag{4.7}$$

$$\tau = \frac{F'}{4\pi r^2} \tag{4.8}$$

$$\dot{\gamma} = \frac{(\tau - \tau_f)}{\eta_{pl}} \tag{4.9}$$

여기서, $\dot{\gamma}$: 전단속도(sec^{-1})

τ : 전단응력(KPa)

ν : 구인상 속도(m/sec)

r : 구 반경(m)

F' : 속도 ν로 들어 올릴 때 작용하는 저항력(N)

4.3.4 평행판 플라스터 미터 시험

그림 4.36은 평행판 플라스터 미터의 개략도를 나타낸 것으로 직경 600 mm 2장의 평판 사이에 모르타르 또는 콘크리트 시료를 두께 60 mm 정도를 채운다. 재하 추에 의해 일정 하중을 재하하여 시료가 붕괴되어 변형될 때의 경시 변화를 측정하는 방법이다. 각종 하중 조건으로 이와 같은 측정을 실시하고, 이러한 결과로부터 식 (4.10) ~ (4.12)를 이용하여 전

단응력과 전단 속도를 계산하고 유동 곡선을 좌표상에 나타내며, 이러한 유동 곡선의 직선부의 타점을 이용하여 최소 자승법에 의해 직선적 회귀식을 구해 직선의 역구배와 횡축과의 교점으로부터 소성 점도와 항복 값을 구할 수 있다.

또한 이 실험의 대상이 되는 콘크리트는 2장의 팽행판 사이에서 깔 수 있는 비교적 된비빔의 시료를 대상으로 하고 있어 고유동 콘크리트와 같이 비교적 반죽질기가 큰 콘크리트를 측정하고자 할 경우는 다양한 응용이 요구된다.

$$\dot{\gamma} = \frac{-9a\dot{h}}{2h^2} \tag{4.10}$$

$$\tau = \frac{3hF}{\pi a^3} \tag{4.11}$$

$$\dot{\gamma} = \frac{\tau - \tau_f}{\eta_{pl}} \tag{4.12}$$

여기서, a : 평행원판 반경 (m)

h : 시료 높이(m)

$\dot{h}$: 시료 높이의 경시변화 (m/sec)

F : 평행판에 재하하는 일정하중 (N)

4.3.5 전단 박스 시험

전단 박스 시험은 일면 전단 시험 장치를 응용한 시험 장치로서 메커니즘은 다소 복잡하지만 시료를 다시 채우는 번거로움 없이 반복 전단변형을 실시하는 것이 가능하기 때문에 실험 값의 신뢰성을 높일 수 있다. 또한, 전단 속도를 동일 시료로 자유롭게 변화시키는 것이 가능하며, 비교적 광범위한 배합의 굳지 않은 콘크리트에 적용 가능하지만, 비교적 묽은 페이스트 및 모르타르에 적용할 경우에는 회전 점도계보다 다소 정확도가 떨어질 수도 있다. 그러나 전단 박스 시험의 경우 빙엄모델로 표현 불가능한 고체입자에 의한 내부응력 및 전단변형 의존의 유변학 성상을 표현할 수 있는 특징을 가지고 있다. 그림 4.39는 전단 박스 시험에 의해 얻어진 전단변형 의존의 유변학 성상의 일례를 나타낸 것이다.

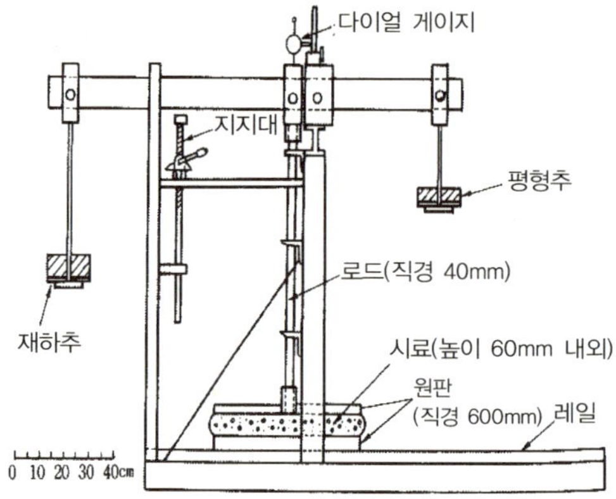

그림 4.36 **평행판 플라스터 미터 시험**[9)]

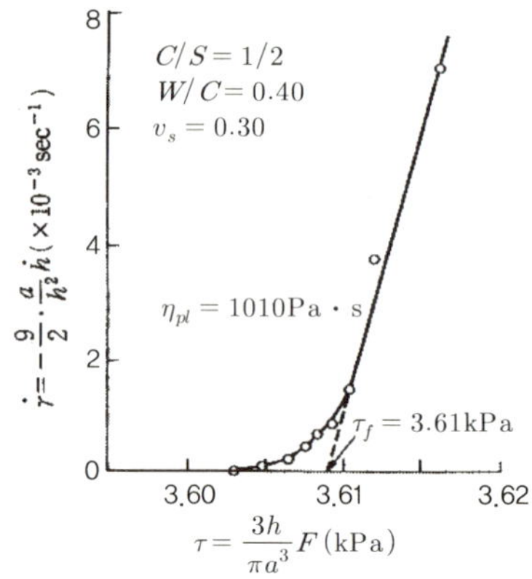

그림 4.37 **평행판 플라스터 미터 시험에 의한 유동 곡선 측정 예**[9)]

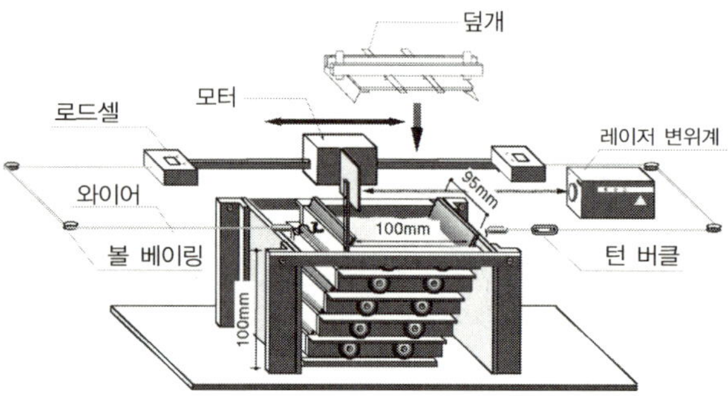

그림 4.38 **전단 박스 시험 장치**[18)]

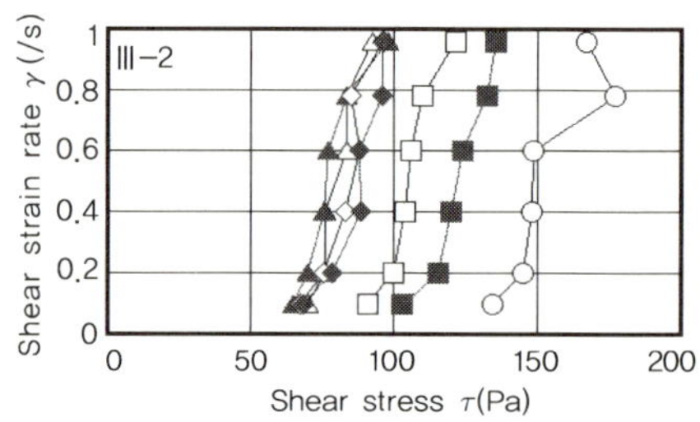

그림 4.39 **전단 박스 시험에 의한 유동 곡선 측정 일례**[18)]

이상과 같은 유변학 성질에 관한 평가 시험 방법 연구는 국외의 경우 활발히 연구되어 어느 정도의 데이터도 축적되고 있다. 고유동 콘크리트의 반죽질기에 관한 여러 가지의 성질을 물리적 의미에서 보다 명확히 정량적으로 평가하기 위해서는 유변학 성질에 관한 평가 시험 방법의 검토가 필요하다.

4.4 시공성 평가

4.4.1 충전성에 관한 시험

충전성은 고유동 콘크리트의 유동성, 분리 저항성, 간극 통과성 등 여러 가지의 성질 및 조건에 지배되는 관찰 성질로서, 결과적으로 고유동 콘크리트가 철근 주변부나 거푸집의 구석구석까지 어느 정도 골고루 채워졌는지를 평가하는 지표이다. 따라서 광의의 의미로 충전성에 영향을 주는, 앞에서 본 여러 가지의 성질을 평가하는 시험 방법은 충전성을 평가하는 시험 방법이라고 할 수 있다. 그러나 충전성은 앞서의 설명에서와 같이 실 시공을 가정한 비교적 큰 거푸집이나 배근 상태에 콘크리트를 타설하여 구석구석 충전된 상황을 평가할 수 있는 방법으로 실시하는 것이 바람직하다.

충전성을 평가하는 시험 방법으로서는 그림 4.40 및 그림 4.41에 나타낸 것과 같은 형상

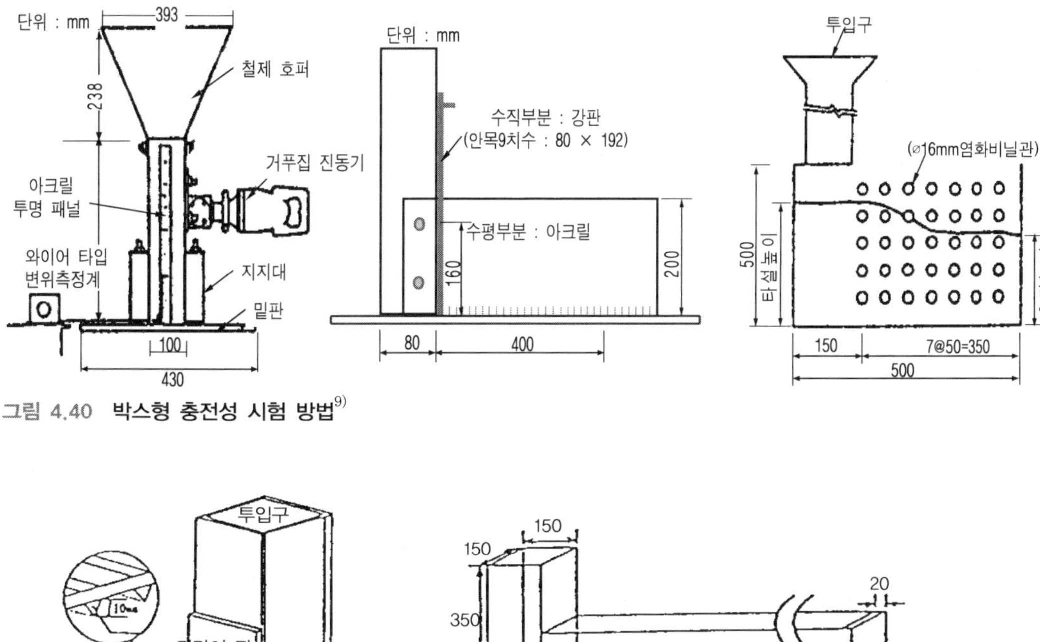

그림 4.40 박스형 충전성 시험 방법[9]

그림 4.41 L플로형 충전성 시험 방법[9]

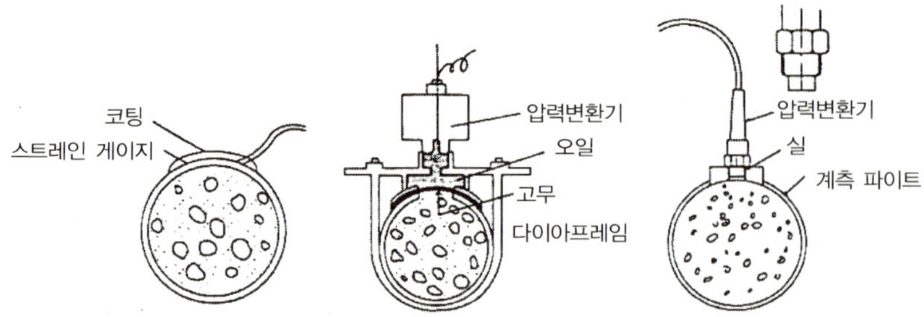

그림 4.42 **관내 압력 측정방법**[15, 20]

으로 구분되며 박스형 및 L플로형이 있다. 이러한 대부분이 아크릴 등 투명한 거푸집이 이용되어 철근이 배치되고 있어 철근부를 통과해 거푸집 내에 골고루 미치는 상황이 판단할 수 있도록 하고 있다. 평가 방법으로는 투명 거푸집 내의 충전 상황을 관찰해 정성적으로 비교하여 평가하는 방법 및 유동성이나 간극 통과성과 유사한 콘크리트의 퍼짐량, 레벨차 등을 정량적으로 평가하는 방법 등이 있다.

4.4.2 펌프 압송성 시험

고유동 콘크리트의 경우 보통 콘크리트에 비해 단위 시멘트양이 증가하며, 플라이 애쉬, 고로 슬래그 미분말, 석회석 미분말 등 분체량의 증가 및 증점제의 첨가에 의해 점성이 증가하게 된다. 이는 펌프 압송 시 배관 내의 압력 손실 증가, 토출량 저하의 요인으로 작용할 수 있다. 따라서 고유동 콘크리트와 같은 복잡한 유동 거동을 나타내는 콘크리트는 펌프 압송성에 대한 정량적 검토가 필수적이라고 할 수 있다.

그러나 고유동 콘크리트의 다양한 유동성 평가 방법에 비해 펌프 압송성에 대한 평가 방법 및 평가 기준에 대한 연구는 미흡한 실정이다. 이에 대한 연구 결과 또한 고유동 콘크리트의 펌프 압송성을 평가하기 위해 주로 이용되는 방법으로 그림 4.42와 같이 펌프 압송 배관에 압력계를 요소별로 설치하고 콘크리트가 압송될 때의 압력을 측정하는 방법이 있다. 이것은 현장의 압송성을 파악할 수 있는 가장 현실적인 방법이라 할 수 있으나, 압송의 사전 예측이 불가능하며 시간적 경제적 부담이 크기 때문에 대규모 프로젝트의 사전 모의 시험에 주로 이용되며, 굳지 않은 콘크리트의 펌프 압송 가능성을 사전에 평가하기 위한 방법으로는 다음과 같은 방법이 제안되고 있다.

1) 가압 블리딩 시험

콘크리트 압송 시 관내 콘크리트는 그림 4.43과 같이 굵은 골재가 중앙으로 집중하면서 관 벽에는 얇은 윤활층을 형성하게 되며, 이러한 윤활층은 대부분 물 또는 묽은 페이스트층으로써 관 내의 마찰력으로 작용할 수 있다. 따라서 콘크리트가 압송된 때의 탈수량에 초점을 둔 간단한 펌프 압송성 평가 방법으로서 가압 블리딩 시험이 있다.

가압 블리딩 시험 방법은 그림 4.43과 같이 콘크리트를 가압 블리딩 용기에 넣고 피스톤으로 3.5 MPa의 압력을 가한 상태로 블리딩 측정용 코크를 열어 탈수량을 임의의 시간마다 측정하는 방법이다. 탈수량의 측정 결과로서 탈수량과 경과 시간과의 관계로부터 탈수량 곡선을 구할 수 있다. 이러한 시험에 의해 얻어진 탈수량과 가압 후 경과 시간과의 관계를 기본으로 펌프 압송성의 평가를 실시하는 일부 시험 방법이 제안되어 있다. 그 일례로서 그림 4.45와 같은 평가 방법이 JSCE 및 AIJ에서 권장하고 있다. 이것은 콘크리트의 탈수량

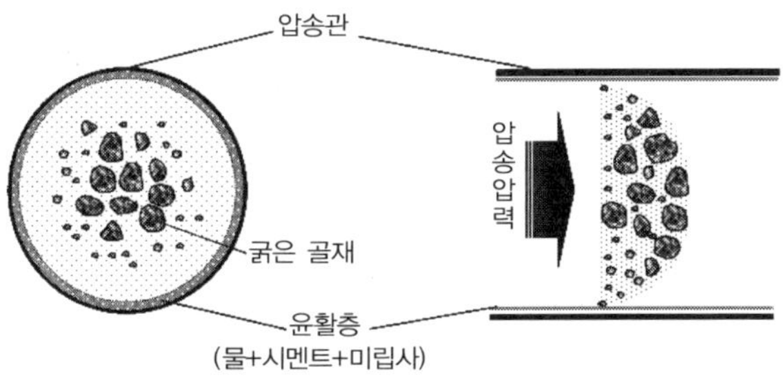

그림 4.43 압송관내 콘크리트 거동 모식도

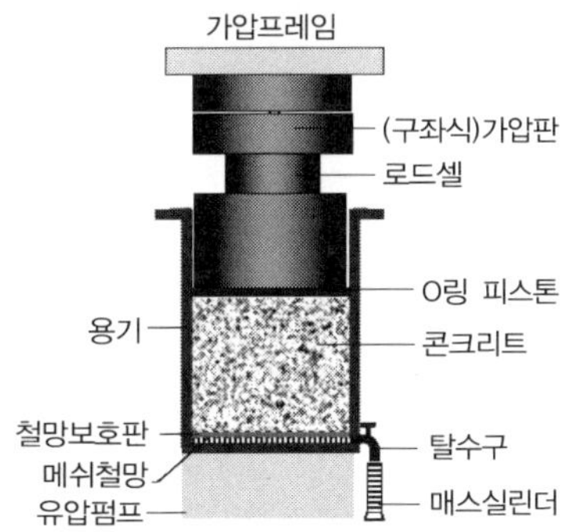

그림 4.44 가압 블리딩 시험 모식도[19, 20]

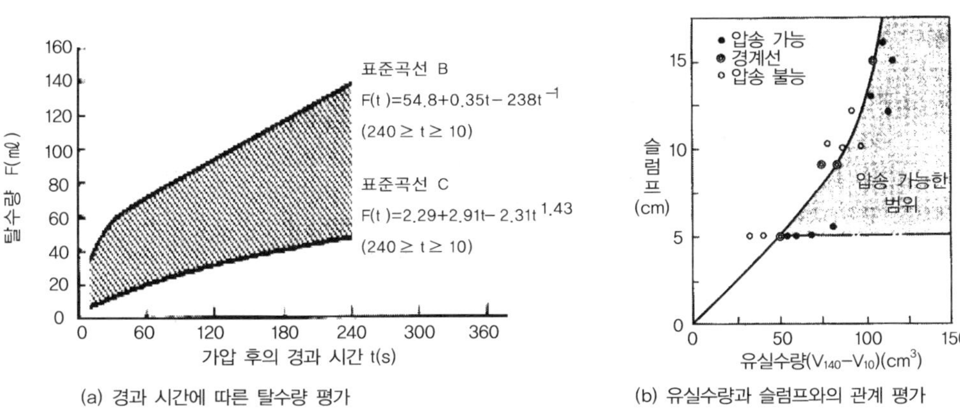

그림 4.45 가압 블리딩 시험에 의한 압송성 평가[19, 20]

이 윗부분의 선을 초과할 경우 탈수량이 너무 많아 재료 분리를 일으켜 폐색을 일으킬 수 있는 한계이며, 아래 부분의 선을 초과할 경우는 탈수량이 적어 콘크리트의 관내 이동 시 마찰력이 증가하여 펌프 압송이 불가능한 한계를 나타내고 있다.

2) 관내 마찰력 시험

관내 마찰력 시험은 그림 4.46에 나타낸 바와 같이 롤러에 의해 지지되는 파이프에 콘크리트를 압송하여 파이프가 압송 방향으로 끌려가는 힘을 측정하여 콘크리트와 관벽의 마찰력을 측정하는 방법이다. 이것은 콘크리트가 관내를 압송할 경우에는 일반적으로 콘크리

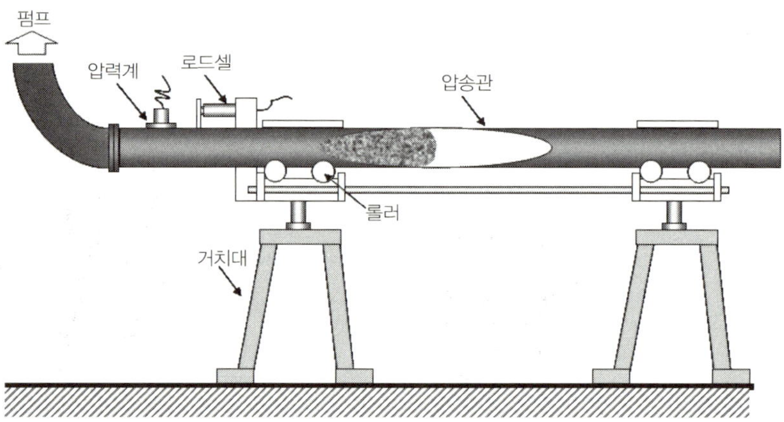

그림 4.46 관내 마찰력 시험 장치 개요[20)]

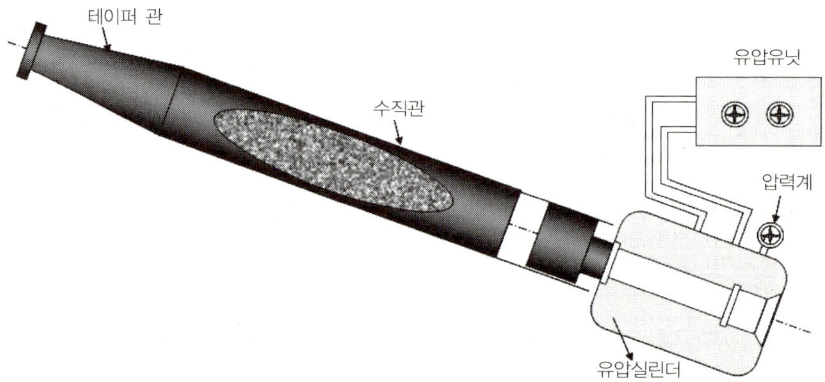

그림 4.47 변형성 평가 시험 장치 개요[20)]

트가 고체군을 형성하여 관벽에서 미끄럼 마찰이 발생하여 이동하는 개념을 기본으로 하는 시험 방법이다. 이 시험 방법은 슬럼프 150 mm 이상의 콘크리트에 적용 가능한 것으로 JSCE 「콘크리트펌프 시공지침」의 고유동 콘크리트의 펌프 압송성에 관한 실내 실험 방법 및 AIJ 「콘크리트펌프공법 시공지침 · 동해설」의 마찰 저항 시험에 의한 점성 및 항복 값을 측정하는 시험 방법으로 제안되어 있다.

3) 변형성 평가 시험

페이퍼 관, 벤트 관 및 분기관 등 변형관의 관내 유동으로는 통상 직관 내를 유동하는 경우와 다르며, 콘크리트의 형상이 변화함으로써 우발적으로 발생하는 관내 폐색 등 변형 저항성을 고려할 필요가 있다. 관내 폐색이 발생하는 원인으로는 재료 분리 및 굵은 골재 간의 마찰 등이 있으며 변형 성능 평가 시험은 굵은 골재의 마찰 가능성을 그림 4.47과 같은 실험실 규모의 펌프 압송 시험 장치에 의해 사전에 정량화 하는 시험이다. 이 시험은 JSCE 「콘크리트 펌프 시공지침」의 굳지 않은 콘크리트의 변형 저항성 평가 시험 방법으로 제안되어 있다.

05 장

고유동 콘크리트의 시공 방법 및 시공 사례

5.1 시공 방법

5.1.1 시공 계획

고유동 콘크리트는 제조에서 타설 완료 후 양생까지의 시공에 관해 유의할 점이 많기 때문에 시공 전에 거푸집의 설계, 타설 전 검사, 펌프 압송, 콘크리트 타설 등에 대해 적절한 시공 계획을 세워야 한다. 다짐 작업이 불필요하다는 것은 합리화 시공 측면에서 큰 장점이지만, 기존 경험에만 의존할 경우, 오히려 효율이 나빠지는 것은 물론 최악의 경우에는 시공 작업에 대한 안전성도 보증할 수 없게 된다. 고유동 콘크리트가 구조체로서 요구되는 기능, 강도, 내구성 등의 소요 품질을 확보하기 위해서는 다음과 같은 사항에 대해 충분히 고려하여 적절한 시공계획을 세워야 한다.

① 운반・타설・다짐・마감 및 사용 장비 종류와 수량
② 운반・타설・다짐・마감의 조직 및 체제
③ 콘크리트 혼합부터 타설 종료까지의 시간 한도
④ 콘크리트 타설 당일의 치기 구획 및 치기 순서
⑤ 단위 시간당 타설량

⑥ 연속타설에서 이어치기 허용시간 간격

⑦ 이음부의 위치·형상 및 이음 방법

⑧ 기상조건 및 기상변화에 대한 조치 및 대책

⑨ 도로, 교통 및 주변 상황 등 시공 환경에 대한 대책

5.1.2 운반

고유동 콘크리트는 재료의 분리 및 슬럼프 플로 값의 손실이 적은 방법으로 신속하게 운반해야 한다. 그리고 일반적으로 펌프에 의한 압송의 경우는 슬럼프 플로가 저하하는 경우가 많으므로 콘크리트 펌프의 기종, 대수, 운반관의 직경, 배관 거리 등에 대한 실험 결과 및 실적 등을 충분히 고려하여 결정해야 한다. 펌프 압송 조건은 100 또는 125mm 관으로 300 m 이하를 표준으로 한다. 콘크리트의 혼합으로부터 타설 종료까지의 시간 한도는 유동성 및 자기 충전성을 고려하여 정하도록 한다.

고유동 콘크리트를 펌프로 운반할 경우, 고유동 콘크리트는 일반 콘크리트와 비교하여 소성 점도가 크기 때문에 펌프 토출량이 커지면 압력 손실이 현저하게 증가하는 경향이 있다(그림 5.1)[13]. 그림 5.2는 고유동 콘크리트의 토출량과 수평관 압력 손실과의 관계를 정리한 결과이다. 분체량이 적은 A그룹(분체량 385~540 kg/m^3)은 분체량이 많은 B그룹(분체량 560~636 kg/m^3)보다 압력 손실이 적게 나타났다[14]. 이처럼 고유동 콘크리트의 펌프 압송 시 압송 부하는 고유동 콘크리트의 사용 재료·배합, 펌프의 기종 및 배관 직경 등에 따라 다르기 때문에, 특히 장거리 압송을 실시할 경우에는 사전 시험을 통해 압송성을 확인해둘 필요가 있다.

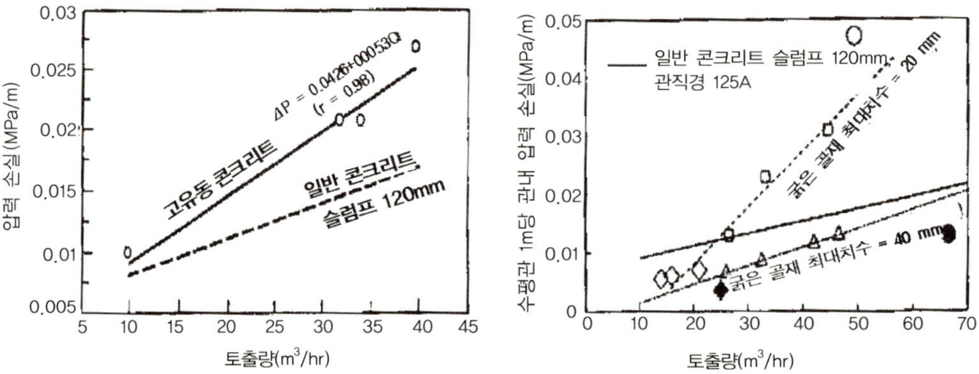

그림 5.1 관내 압력 손실 측정 예

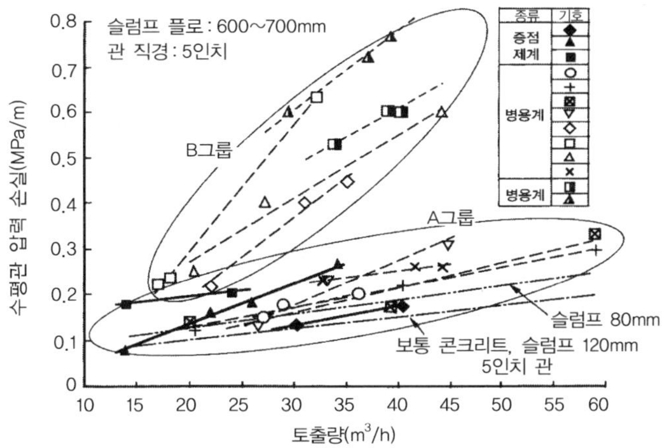

그림 5.2 토출량과 수평관의 압력 손실

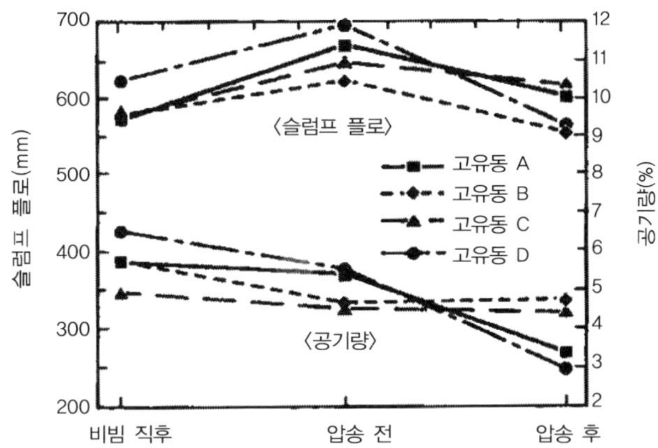

그림 5.3 펌프 압송에 의한 슬럼프 플로와 공기량의 변화

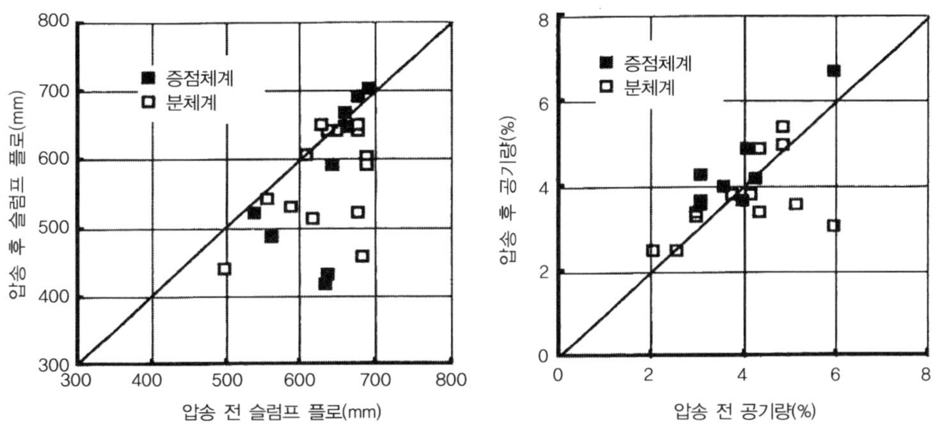

그림 5.4 펌프 압송 전후의 슬럼프 플로와 공기량의 비교

고유동 콘크리트는 운반 중에 슬럼프 플로 및 공기량이 크게 변화하는 경우가 많다. 그림 5.3은 4종류의 고유동 콘크리트에 대해 압송 전후의 변화를 나타낸 것으로 슬럼프 플로는 압송에 의해 30~130 mm 정도가 저하되는 것으로 나타났으나, 공기량은 펌프 압송에 의한 저하는 거의 없다. 그림 5.4에도 고유동 콘크리트 종류에 따른 압송 전후에 대해 슬럼프 플로는 크게 저하되나, 공기량은 증가하는 경우와 감소하는 경우가 모두 발생하고 있다. 고유동 콘크리트의 압송 전후의 슬럼프 플로 및 공기량 등의 변화는 고성능 감수제의 종류·사용량, 운반 시간, 콘크리트의 온도, 압송 속도·압력 등에 영향을 받는다.

고유동 콘크리트의 압력 손실을 예측하는 방법은 많이 제안되고 있지만, 그 중에서도 압력 손실과 유량의 관계를 빙엄유체의 특성치인 항복 값과 소성 점도를 고려한 Buckingham- Reiner 식으로 표현하는 것이 가장 많이 사용되고 있다[17].

$$Q = \frac{\pi R^4}{8\eta}\left[\frac{P}{L}\right] - \frac{\pi R^3 \tau_f}{3\eta} + \frac{2\pi \tau_f^4}{3\eta}\left[\frac{P}{L}\right]^3 + \pi R^2 V_s \tag{5.1}$$

$$Q = Q_B + Q_S \tag{5.2}$$

여기서, Q : 전유량 Q_B : 빙엄유체의 유량 Q_S : 윤활에 의한 유량
R : 압송관의 반경 P/L : 단위 길이당 압력손실 V_S : 윤활 속도
τ_f : 항복 값 η : 소성 점도

윤활이 전혀 없이 유동한다고 가정하면 $Q = Q_B$가 되어 식 (5.1)은 다음과 같이 식 (5.3)과 같이 나타낼 수 있다. 따라서 콘크리트의 물성치(항복 값, 소성 점도)와 유량(토출량)이 측정되면 관내 압력손실(P/L)을 구할 수 있다.

$$\frac{\pi R^4}{8\eta}\left[\frac{P}{L}\right]^4 - \left[\frac{\pi R^3 \tau_f}{3\eta} + Q_B\right]\left[\frac{P}{L}\right]^3 + \frac{2\pi \tau_f}{3\eta} = 0 \tag{5.3}$$

한편, 콘크리트의 운반을 버킷을 이용하는 경우가 있는데, 이때 버킷의 배출구에 틈이 있을 경우에는 운반 중에 고유동 콘크리트가 그 틈으로 쉽게 빠져나가기 때문에 틈이 없도록 사전에 충분한 점검이 필요하다. 그리고 버킷에 고유동 콘크리트를 놓아둘 경우에는 재료 분리가 발생하기 쉽기 때문에 주의할 필요가 있다. 또한 배출구가 한쪽으로 치우쳐 있으면 배출 시에 재료 분리가 발생하기 쉬우므로 중앙부 아래쪽에 있는 것이 바람직하다.

5.1.3 타설

고유동 콘크리트는 빠른 속도로 타설하면 공사 기간을 단축시킬 수 있지만, 구조물의 종류·조건에 따라 충전 불량 장소가 발생할 수 있다. 따라서 고유동 콘크리트의 타설 속도는 배합, 부재 형상, 배근 형상 등에 따라 실험 결과와 실적을 토대로 적절히 정해야 한다. 폐색 공간에 타설할 경우에는 콘크리트의 유동 구배가 커지지 않도록 배합을 선정함과 동시에 타설 속도를 적절히 정하는 것이 중요하다.

또한 고유동 콘크리트는 유동성이 크고 재료 분리 저항성이 우수하나, 높은 장소에서 낙하 및 장거리 유동시킬 경우에는 재료 분리가 발생할 수 있으므로 배합, 구조 조건, 시공 조건을 고려하여 미리 허용할 수 있는 낙하 높이 및 유동 거리를 설정해 둘 필요가 있다. 타설 시 100 mm 또는 125 mm 관을 사용하고 압송관의 길이가 300 mm 이하의 콘크리트에 대해 최대 자유 낙하 높이는 5 m 이하, 최대 수평 유동 거리는 8 ~ 15 m 이하를 표준으로 한다.

고유동 콘크리트는 블리딩이 작으므로 타설 이음면에 형성되는 레이턴스는 일반 콘크리트보다 적다. 그러므로 타설 이음면의 처리를 간략화해도 타설 이음면이 소요 성능을 갖고 있는 경우가 있다.

5.1.4 다짐

고유동 콘크리트는 원칙적으로 다짐이 필요하지 않으나, 콜드 조인트가 발생할 염려가 있는 경우, 철근이 과밀하게 배근되어 있거나 부재 단면이 복잡하여 충전이 곤란한 경우에는 필요에 따라서 적절한 다짐을 실시할 필요가 있다. 이때 과도한 다짐이 가해질 경우, 오히려 재료 분리가 발생할 수 있으므로 콘크리트의 유동을 보조하는 정도의 다짐이 되도록 주의할 필요가 있다. 그리고 거푸집 제거 후 콘크리트 마감면의 기포를 저감하여 미관을 향상시킬 필요가 있는 경우에는 나무·고무망치 등을 이용하여 거푸집을 적당히 두드려 기포를 저감하는 방법도 있다.

5.1.5 마감 및 양생

고유동 콘크리트는 일반 콘크리트에 비해 응결 시간이 지연되는 경향이 있기 때문에 표면 마무리의 시기에 주의가 필요하다. 응결 지연의 정도는 사용하는 재료의 종류·양, 배합, 시공 시기 등에 따라 다르기 때문에 사전에 응결 시간을 확인해야 한다. 또한 고유동 콘크리트는 점성이 크며 블리딩이 작기 때문에 표면 마무리가 어렵다. 따라서 표면 마무리를 실시할 시기까지 표면의 건조를 방지하는 대책을 실시함과 동시에 그 시기를 벗어나지 않도록 주의할 필요가 있다.

고유동 콘크리트의 양생은 기본적으로 일반 콘크리트와 동일하게 수행되어야 하나, 응결·경화가 지연되는 경향이 있기 때문에 초기 양생에 주의할 필요가 있다. 따라서 콘크리트 타설 후 경화에 필요한 온도 및 습도를 유지해야 하며, 진동·충격 등의 유해한 작용을 받지 않도록 조치를 취해야 한다. 또한 고유동 콘크리트는 블리딩이 거의 없기 때문에 일반 콘크리트에 비해 표면 건조가 빠르게 되는 경우가 있으므로 소성 수축 균열이 발생하기 쉽다. 따라서 슬래브 등의 콘크리트 면 타설 후 경화할 때까지는 직사광선이나 바람 등에 노출되지 않도록 보호해야 한다.

5.1.6 거푸집

고유동 콘크리트로 타설하는 경우는 일반 콘크리트 이상의 측압이 발생한다. 거푸집 구석구석 콘크리트 자중에 의해 압력이 전달되기 때문에 일반 콘크리트의 감각으로 거푸집을 설계하면 거푸집이 붕괴되어 사고로 이어질 가능성이 높다. 일단 거푸집이 붕괴되면 타설 상부의 콘크리트 전량이 유출되므로 충분히 주의하여 거푸집을 설계해야 한다.

고유동 콘크리트의 측압은 그림 5.5에 나타낸 것처럼 액압보다는 작게 측정되는 경우가 있다[15, 16]. 그러나 고유동 콘크리트는 유동성이 크므로 타설 후에 거푸집에 작용하는 측압은 원칙적으로 굳지 않은 콘크리트의 단위 용적 질량에 의한 액압이 작용하는 것으로 산

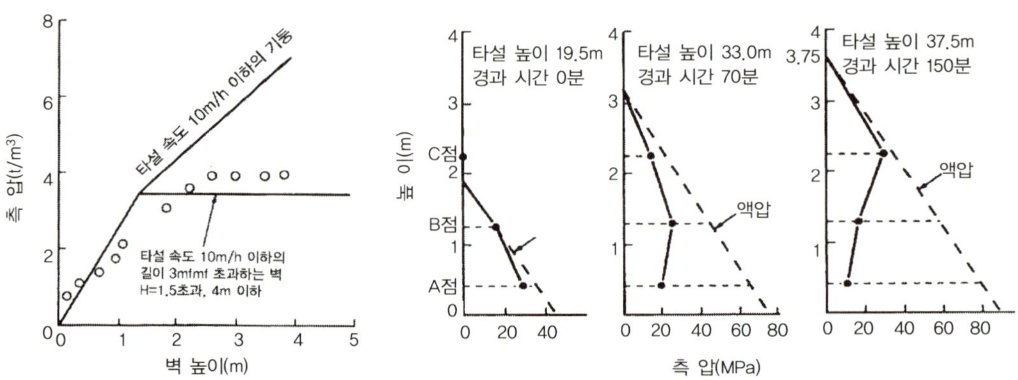

그림 5.5 고유동 콘크리트의 측압

정한다. 아울러 일반 콘크리트에 비교하여 일반적으로 응결 시간이 길므로 타설 후에도 장시간에 걸쳐 측압이 감소하는 경향을 보인다. 이 때문에 거푸집에 작용하는 고유동 콘크리트의 측압은 원칙적으로 액압으로 설계해야 하며, 부득이 액압 이하로 설계하는 경우에는 신중하게 검토해야 한다.

고유동 콘크리트는 일반 콘크리트에 비해 분체량이 많기 때문에 시멘트 페이스트나 모르타르양이 많아져 거푸집 이음면이 견고하게 밀착되지 않으면 누출될 수 있으므로 주의해야 한다. 그리고 폐색 공간 내의 공기는 콘크리트 타설 작업과 동시에 거푸집 밖으로 배출되어야 하므로 타설 장소의 형상 크기, 타설 방법을 고려하여 적절한 위치에 공기 누출 구멍을 설치해야 한다.

고유동 콘크리트는 거푸집면과 콘크리트 계면에 기포가 많이 잔존하는 경우가 있다. 기포가 미관상 결점으로 되는 구조물에는 합판재의 재질 및 박리제 종류가 콘크리트 표면의 기포 잔류에 영향을 미치므로 그 선정에는 주의를 요하고, 경우에 따라서는 거푸집면을 가볍게 두드리는 것도 필요하다.

5.2 품질 검사 및 관리

조사 단계에서 설정된 성능을 만족하고 있어도 일반적으로 재료 품질의 변동 및 제조 시 변동, 운반 시 품질 변화 등에 의해 시공 시 콘크리트 성능은 변화할 수 있다. 따라서 제조 및 시공된 콘크리트 품질이 설정된 성능을 만족하고 있는 것을 적절한 시기에 적절한 방법으로 검사할 필요가 있다. 표 5.1은 콘크리트 표준시방서[1] 일반 콘크리트 편을 참고로 하여 고유동 콘크리트의 받아들이기 품질관리를 정리한 것이다. 따라서 표 5.1은 고유동 콘크리트에 바로 적용하기는 쉽지 않을 것으로 판단되며, 충분한 데이터 및 경험이 축적이 될 때까지 참고 자료로 활용하면 될 것 같다.

콘크리트의 성능은 설계된 콘크리트와 실제 시공에서 제조, 운반된 콘크리트와 다른 경우가 있다. 따라서 설계 단계에서 조사를 실시하고 있어도 타설 전에 검사하는 것이 중요하다. 특히, 제조, 운반된 콘크리트가 설정된 자기 충전성을 갖고 있는 것을 타설 전에 검사하는 것은 구조물의 신뢰성을 확보하는 것보다 중요하다. 시공 중에 기온 및 운반 시간 등이 변하게 될 경우, 콘크리트의 자기 충전성이 설계 계획과 달라지므로 설정된 자기 충전성을 갖고 있는 지에 대해 적절한 방법으로 타설 직전까지 확인해야 한다.

고유동 콘크리트의 품질관리는 타설 지점에 실시하는 것이 원칙이지만, 타설 지점에서

표 5.1 고유동 콘크리트의 받아들이기 품질 검사

항목		시험 및 검사 방법	시기 · 횟수	판정 기준
굳지 않은 콘크리트의 상태		외관 관찰	콘크리트 타설 개시 및 타설 중 수시로 함	워커빌리티가 좋고, 품질이 균질하고 재료 분리가 없으며 안정할 것
슬럼프 플로		KS F 2594	압축강도 시험용 공시체 채취 시 및 타설 중에 품질변화가 인정될 때	허용오차 : 50 mm
공기량		KS F 2409 KS F 2421 KS F 2449		허용오차 : 1.5%
콘크리트 온도		온도계		정해진 조건에 적합할 것
단위 질량		KS F 2409		
자기 충전성	등급 1	충전 장치를 사용한 간극 통과성 시험	50 m^3 당 1회 이상	충전 높이 300 mm 이상일 것
	등급 2 및 등급 3	충전 장치를 사용한 간극 통과성 시험	50 m^3 당 1회 이상	충전 높이 300 mm 이상일 것
		간극 통과성 장치를 갖는 전량 시험 및 품질관리 담당자의 관찰	전량 대상	전량 시험 장치를 전 콘크리트가 통과할 것, 또는 관찰에 의해 재료 분리가 확인되지 않을 것
염소 이온량		KS F 4009 부속서 1의 방법	바다 잔 골재를 사용할 경우 2회/일, 그 밖의 경우 1회/주	원칙적으로 0.3 kg/m^3 이하
배합	단위 수량[1)]	굳지 않은 콘크리트의 단위 수량 시험으로부터 구하는 방법	내릴 때 오전 2회 이상, 오후 2회 이상	허용 값 이내
		골재의 표면수율과 단위 수량의 계량치로부터 구하는 방법	내릴 때 전 배치	허용 값 이내
	단위 결합재량	결합재의 계량치	내릴 때/전 배치	허용 값 이내
	물-결합재비	굳지 않은 콘크리트의 단위 수량과 결합재의 계량치로부터 구하는 방법	내릴 때 오전 2회 이상, 오후 2회 이상	허용 값 이내
		골재의 표면수율과 콘크리트 재료의 계량치로부터 구하는 방법	내릴 때 전 배치	허용 값 이내
	기타, 콘크리트 재료의 단위량	콘크리트 재료의 계량치	내릴 때 전 배치	허용 값 이내
펌프 압송성		펌프에 걸리는 최대 압송 부하의 확인	펌프 압송 시	콘크리트 펌프의 최대 이론 토출압력에 대한 최대 압송부하의 비율이 80% 이하

주1) 단위 수량 시험은 도입된 지 얼마 되지 않았고, 시험 방법의 적합성이나 시험결과의 신뢰성 등이 평가되지 않아 현재로는 참고자료만 활용하는 것이 좋다.

실험이 곤란한 경우가 많으므로 레디믹스트 콘크리트 도착 지점에서 실시하는 것이 일반적이다. 레디믹스트 콘크리트 공장에서 운반된 콘크리트가 자기 충전성에 대한 만족 여부를 타설 전에 검토해야 한다. 1배치라도 충전성에 문제가 있는 콘크리트가 타설될 경우, 이후에 타설되는 콘크리트의 충전성을 방해하여 구조물 전체에 대한 품질 저하로 이어질 수 있으므로 전체 배치에 대하여 품질검사를 확인하고 타설해야 한다.

5.3 국내외 시공 사례

5.3.1 용산 고층 주상복합 빌딩

1) 공사 개요

서울특별시 용산구 한강로에 위치한 용산 주상복합 빌딩 건설 현장은 아파트 3개동(32/34층), 오피스텔 2개동(36층) 규모이며, 공사 기간은 2002년 10월에 시작되어 2005년 12월에 완료된 주거 시설과 업무 시설이 복합된 건축물이다. 그림 5.6은 이 건축물의 조감도이고, 표 5.2는 공사 개요이고, 표 5.3은 구조설계기준을 나타낸 것이다. 이 현장에서 고층 건물의 매트 기초에 수화열을 제어하기 위하여 고유동 콘크리트를 적용하였다.

사용되는 콘크리트의 강도는 24 MPa(독립기초용)과 30 MPa(매트기초용)로 구성되어 있으며, 30 MPa 규격 콘크리트가 매트 기초에 타설되는 콘크리트임을 감안하여 수화열을 저감시킬 수 있도록 플라이 애쉬를 치환하여 사용하였고, 유동성 확보 및 건조 수축에 의한 균열을 최소화하기 위하여 폴리카본산계 고성능 감수제를 사용하였다.

그림 5.6 **용산 고층 주상복합 빌딩 조감도**

표 5.2 건물 개요

용 도	복합용도 (업무시설, 공동주택, 근생)		
공사 기간	2002. 10. ~ 2005. 12. (39개월)		
대지 면적	13,506 ㎡	건축면적	7,307 ㎡
연면적	148,907 ㎡		
용적률	789.56 %	건폐율	54.10 %
구조	오피스텔 : 라멘조 아파트 : 벽식 구조 상가 : 라멘조 지하주차장 : 라멘조		
공사 규모	아파트 3개동 (32/34층) : 310세대 오피스텔 2개동 (36층) : 995세대		
주차 대수	아파트 : 581대, 업무시설 : 678대, 근린생활시설 : 35대		

표 5.3 구조설계 기준

구 분	세 부 사 항
설계 기준	• 콘크리트 구조설계 기준 • 건축물 하중 규준 및 해설
철근 강도	• SD400 (Fy=400 MPa) • KSD 3504 • SD500 (Fy=500 MPa) • KSD 3504 : HD25 이상 철근
철골 강도	• SS400 (Fy=240 MPa) • KSD 3503 • SM490A (Fy=330 MPa) • KSD 3515
콘크리트 강도	• 기둥, 벽체 : 24, 27, 30, 40, 50 MPa • 보, 슬래브 : 24, 30, 36 MPa • 기초 : 24, 30 MPa

2) 매트 기초 콘크리트의 배합설계

오피스동 및 아파트동 매트 기초에 사용되는 콘크리트의 설계기준강도는 30 MPa이며, 타설 높이는 2.2~2.7 m이고, 독립기초 및 슬래브에 사용되는 콘크리트의 설계기준강도는 24 MPa이다. 타설된 콘크리트의 양은 약 16,000 m^3이다. 매트 기초 콘크리트의 배합은 온도 균열을 저감하기 위해서 기본적으로 저발열 콘크리트로 설계하였으며, 이를 위해 사용된 고유동 콘크리트의 배합은 표 5.4에 나타내었다. 혼화재는 플라이 애쉬를 20 퍼센트, 30 퍼센트를 혼입하였고, 혼화제는 폴리카본산계 고성능 감수제를 사용하였다.

표 5.4 저발열 고유동 콘크리트 시방 배합표

구 분	W/B (%)	S/a (%)	단위 중량(kg/m³)					
			배합수	시멘트	플라이 애쉬	잔 골재	굵은 골재	고성능 감수제
FA 30 %	40.6	44.0	160	275	119	760	974	5.12
FA 20 %	40.6	44.0	160	315	79	767	984	5.12

3) 매트 콘크리트의 수화열 제어 대책

매트 기초는 타설 높이가 2.2~2.7 m에 이르는 대형 구조물로 콘크리트 타설 시에 수화열에 의한 온도 균열의 발생이 예상되어 적절한 온도 균열 저감 대책이 필요하였다. 현장에 적합한 최적의 온도 균열 저감 공법을 선정하기 위하여 다양한 방안을 검토하여 현장 시공성 및 경제성을 기준으로 적용성을 판단한 결과, 상기의 저발열 콘크리트 배합 조건 이외에 수직 분할 타설 공법으로 결정하였다. 표 5.5는 수화열 해석을 통해 도출한 온도 균열지수 해석 결과를 요약한 것이다. 이 현장에서는 저면에서의 구속도의 영향, 콘크리트 온도 강하량, 균열 간격, 균열 제어 폭 등을 고려하여 각 구역의 각 단면이 만나는 면과 취약 부분을 중심으로 온도 철근을 보강하였다.

수화열 계측은 계획 매트 기초의 효율적인 양생 관리를 위해 그림 5.7과 같이 각 구역에 온도 센서를 설치하여 각 지점의 온도를 관리하였다. 매트 기초의 양생은 습윤 양생 대신에 단열 효과를 높이기 위해 폴리에틸렌 필름(비닐)과 양생포로 보온하는 것으로 계획하였다. 양생 기간 동안 발생할 수 있는 우천에 대비하여 천막을 덮어 급격한 온도 변화를 줄이고자 하였고, 살수는 하지 않았다. 보온 양생은 콘크리트 중심부 온도와 평균 외기 온도의 차이가 20℃ 이하로 떨어지는 시점에 종료하는 것으로 하였다.

4) 현장 적용 결과

매트 기초 현장 모습과 타설 모습을 그림 5.9에 나타냈으며, 약 16,000 m³의 콘크리트를 약 4개월에 걸쳐 분할 타설하여 완료하였다.

표 5.5 온도 균열지수 해석 결과 요약

			온도 균열지수	유해 균열 발생 여부
구역 1 (A, B동)	분할타설 시	단면 1	0.71	
		단면 2	0.77	
		단면 3	0.73	
구역 2 (C동)	일괄타설 시		0.54	유해균열 발생 가능성 높음
	파이프쿨링 시		0.71	
	분할타설시	단면 1	0.88	
		단면 2	0.76	
구역 3 (D, E동)	일괄타설 시		0.53	유해균열 발생 가능성 높음
	파이프 쿨링 시		0.72	
	분할타설 시	단면 1	0.83	
		단면 2	0.75	
		단면 3	0.79	

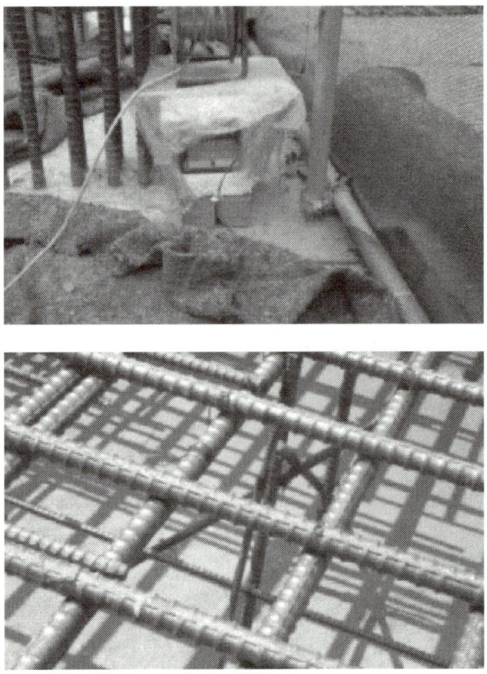

그림 5.7 **온도 센서 및 수화열 계측 모습**

그림 5.8 **매트 기초 현장 모습**

표 5.6은 현장 적용한 시험 결과이다. 매트 기초 콘크리트에 대한 슬럼프 플로의 현장 기준은 550±100 mm로서, 2개 레디믹스트 콘크리트 제조 공장 및 현장에서 측정한 슬럼프 플로 결과는 운반 및 타설 시간 2시간(하절기 90분) 이내 소요 시간에서 모두 품질 기준을 만족하였다. 콘크리트의 압축강도는 재령 28일에 설계기준강도인 30 MPa을 만족하였다.

표 5.6 현장 적용 결과

타설 위치	규격	타설량 (m^3)	타설 온도 (℃)	슬럼프 플로(mm)	압축강도(MPa)	
					7일	28일
A동 매트	25-30-55	1,402	24.9	540~600	26.9	33.5
B동 매트	25-30-55	2,634	24.2	570~600	29.6	36.9
C동 매트	25-30-55	3,306	26.0	530~630	31.7	38.0
D동 매트	25-30-55	2,410	28.5	540~610	25.4	33.0
E동 매트	25-30-55	1,702	24.4	530~620	24.1	32.9

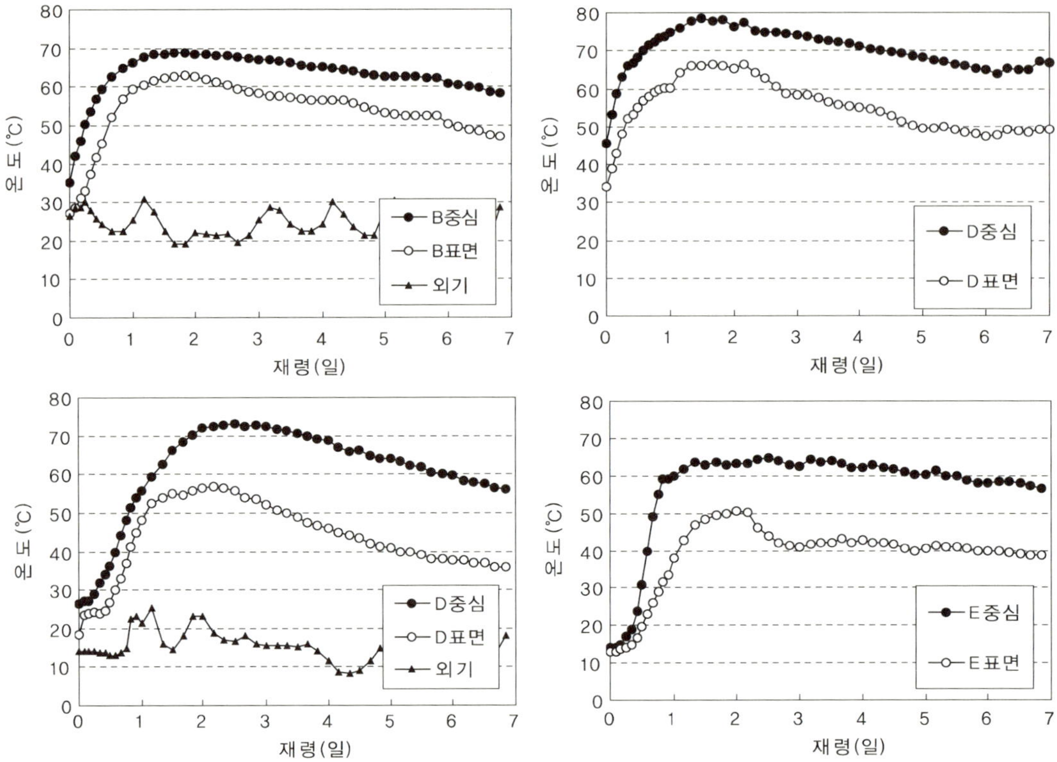

그림 5.9 **매트 기초의 온도계측 결과**

그림 5.9는 매트 기초의 각 구역에 온도 센서를 설치하여 온도를 계측한 결과이다. B동과 D동의 매트 기초 부분에 대한 측정 결과, 중심부와 표면부의 최대 온도차가 각각 19.0℃ 및 21℃를 나타내었는데, 이는 두 매트-기초의 타설량이 거의 동일하기 때문인 것으로 판단된다. 최대 온도의 경우에는 36시간에 중심부에서 각각 68.5℃ 및 78.6℃를 나타내었는데, 이는 타설 시의 외기 온도 차이 때문인 것으로 판단된다. D동과 E동의 타워 기초 부분에 대한 측정 결과에서는 두 기초의 크기가 유사하여 중심부와 표면부의 최대 온도차가 각각 23℃로 동일한 결과를 나타내었다. 최대 온도의 경우에도 두 기초 모두 60시간에서 각각 73℃ 및 65℃를 나타내었는데, 두 결과가 다르게 나타난 것은 타설 시의 외기 온도의 영향이다. 그리고 D동 타워 기초의 온도가 3일 이후 급격하게 떨어지는 것을 볼 수 있는데, 이는 수화열 측정 부위 주변의 작업으로 인한 양생포의 조기 제거가 그 원인으로 추정된다. 그러나 양생포 제거 부위를 최소화하여 작업을 진행한 결과, 내·외부 온도차를 25℃ 이내로 관리할 수 있었고 구조적으로 유해한 균열도 발생하지 않았다.

양생 종료 후 균열 조사를 실시한 결과, 수화열에 의한 온도 균열로 추정되는 균열을 발생하지 않은 것으로 나타났으며, 양호한 품질관리가 이루어졌다고 판단된다.

5.3.2 북항대교 주탑 기초[3)]

1) 공사 개요

북항대교는 부산광역시 광역 교통망 계획의 중심축인 부산항 항만 배후도로 중 영도구와 남구를 연결하는 주요 도로로 영도 통과 구간 및 북항 통과 구간으로 나눌 수 있다. 주탑 기초는 매스 콘크리트이므로 T사에서 생산한 저발열 시멘트로 계획되었으며, 구조물의 대형화와 작업 공간의 협소로 인한 콘크리트 타설 작업 시간 지연과 작업 인원의 이동에 따른 진동을 최소화하여 품질 저하를 방지하기 위해 고유동 콘크리트를 적용하였다.

북항대교의 주탑 기초 중 영도 측의 MP2의 크기는 B36.25 × L48.75 × H6.0 m와 B24.25 × L36.75 × H5.2 m로 사전 수화열 해석을 통해 6단 분할 타설로 하였고, 1회 최대 타설량은 3,534 m^3이며 감만 측 MP3의 크기는 B20.0 × L40.0 × H3.5 m와 B16.0 × L32.0 × H6.14 m로 5단 분할타설에 1회 최대 타설량은 1,600 m^3로 전체 콘크리트 타설량은 21,162 m^3, 레미콘 트럭으로 3,527대 분량이다.

2) 콘크리트 배합

표 5.7과 표 5.8은 각각 북항대교 주탑 기초에 사용된 고유동 콘크리트의 배합 및 타설 결과이다. 고유동 콘크리트의 배합설계 조건은 슬럼프와 동일한 시멘트 사용량으로 동일 강도 이상을 확보해야 하며, 슬럼프 플로 650 mm 이상의 고유동성과 재료 분리 저항성이 매우 우수해야 한다. 또한 오랜 시간 타설이 필요하므로 콘크리트의 초기 응결 시간을 지연시켜 구조물이 일체화될 수 있도록 배합설계를 실시하였다.

그림 5.10 북항대교 조감도

표 5.7 고유동 콘크리트 배합표

레디믹스트 콘크리트 규격	W/C (%)	S/a (%)	단위 중량(kg/m^3)					
			W	C	S1	S2	G	AD
25-35-180	33.9	46.5	142	419	328	492	954	3.56
25-35-650	32.2	48.5	135		343	515	921	3.14

표 5.8 고유동 콘크리트 시험결과

구분	슬럼프 플로(mm)		로트 유하 시간(sec)		0.5 m 도달 시간(sec)	
	0 min	120 min	0 min	120 min	0 min	120 min
시험결과	670	620	10.6	14.5	4.6	7.3

3) 현장 적용

(1) 레디믹스트 콘크리트 생산

1회 타설에 필요한 시멘트의 사전 확보와 시멘트 생산 시 발생되는 높은 온도를 충분한 시간을 두고 사이로에 보관하여 식힘으로써 콘크리트 생산 시 시멘트로 인한 온도 상승 원인을 근본적으로 방지하였으며, 레디믹스트 콘크리트 생산 시 쿨링 시스템을 가동하여 가능한 낮은 온도에서 타설이 이루어질 수 있도록 조치하였다. 그리고 사용 골재 중에 유동성에 가장 큰 영향이 있는 잔 골재는 골재의 입도와 입형이 양호하고 불순물을 함유하지 않은 자연사(세척사)를 100 퍼센트로 사용하여 유동성 및 압축강도를 확보하였으며, 골

그림 5.11 고유동 콘크리트 타설 모습

재 분리 현상 방지에 유리하도록 잔 골재율을 상향 조정하였다. 또한 레디믹스트 콘크리트 생산 시 최소 1배치당 100~120초 동안 비빔을 실시해야만 생산 직후와 현장 도착 시의 물성 변화가 거의 없음을 확인하였으며, 기온 25℃ 이하의 경우 120분에 경시 50 mm 이내, 기온 25℃ 이상의 경우 90분에 경시 50 mm 이내로 관리하였다. 그림 5.11 북항대교 주탑 기초에 고유동 콘크리트를 타설하는 모습이다.

(2) 수화열 해석 및 계측 결과

표 5.9에 수화열 해석 조건을 나타내었으며, 그림 5.12에 나타낸 것처럼 주탑 1/4로 모델링하여 해석을 실시하였다.

표 5.9 수화열 해석 조건

구분	주요 조건		
배합	• 단위 시멘트양 = 419 kg/m^3 (저발열 시멘트)		
양생	• 거푸집 : 콘크리트 합벽(1 ~ 3단), 합판거푸집(4 ~ 6단) • 표면부 : 담수 양생		
온도	• 외기 및 타설 온도의 계절 변화를 고려하여 10, 20, 30℃ 적용		
대류경계	• 콘크리트 합벽 : 14 W/m²℃, 합판 거푸집 : 8 W/m²℃, • 담수 양생 : 5 W/m²℃		
단열 온도식	구분	K	α
	10℃	44.5	0.308
	20℃	44.1	0.594
	30℃	41.3	0.893

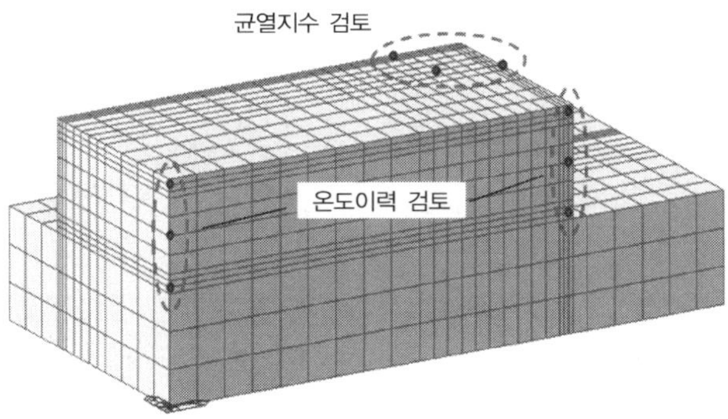

그림 5.12 MP2 주탑 기초 모델링

시공 단계별 수화열 해석 결과의 최저 온도 균열지수 및 온도 이력과 계측 결과는 표 5.10과 같다. 주탑 기초 6단 분할 타설 수화열 계측 결과 1 ~ 3단의 중심부 최고 온도는 약 53 ~ 54℃, 4 ~ 6단은 약 57 ~ 60℃로 사전 수화열 해석 결과와 거의 일치하며, 내·외부 온도차 역시 해석 결과와 1.0℃ 내외의 차이를 나타내어 모두 온도 균열지수 1.2 이상을 확보하는 것으로 판단된다(그림 5.13). 그리고 MP2 주탑 기초 총 15,390 m^3를 타설한 결과 거푸집을 제거한 후 콘크리트 표면 상태가 미세한 초기 수축 균열이 일부 발견되었을 뿐 상부 표면 및 측면에 유해한 균열은 발생하지 않았다.

표 5.10 시공 단계별 수화열 해석 및 계측 결과 비교

구분		중심부 최고 온도 (℃)	표면부 온도 (℃)	내·외부 온도차 (℃)	최저 온도 균열지수 (Icr)
1단	해석	53.2	37.7	15.5	1.27
	계측	53.4	36.1	17.3	–
2단	해석	53.9	34.0	19.9	1.28
	계측	54.3	34.1	20.2	–
3단	해석	53.3	41.2	12.1	1.26
	계측	53.5	41.4	12.1	–
4단	해석	55.8	35.7	20.1	1.29
	계측	55.5	38.4	17.1	–
5단	해석	57.2	35.5	21.7	1.27
	계측	57.5	34.0	23.5	–
6단	해석	58.7	47.1	12.0	1.28
	계측	60.6	50.6	10.0	–

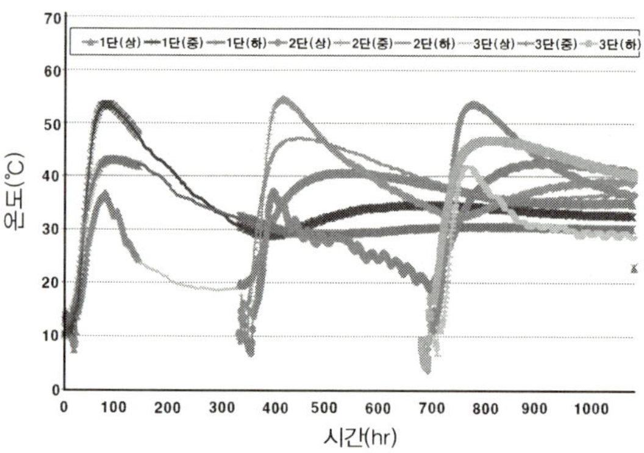

(a) MP2 주탑 기초 1~3단

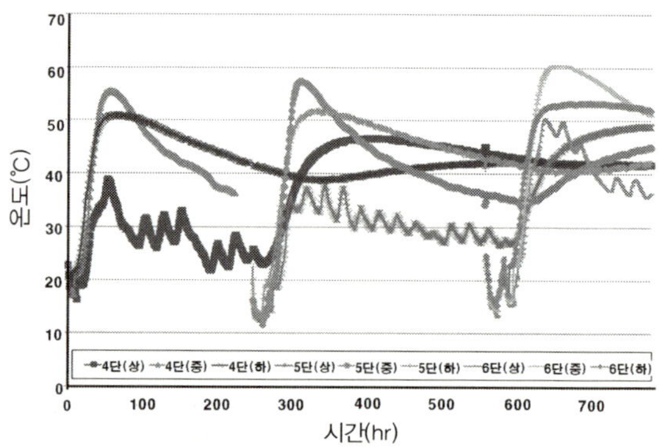

(b) MP2 주탑 기초 4~6단

그림 5.13 **수화열 계측 결과**

(3) 콘크리트 물성

북항대교는 해양 환경에 위치하는 대형 매스 콘크리트 구조물로서 시공 특성상 분할 타설에 의한 시공 이음부가 필연적으로 발생하기 때문에 시공 후 해수에 노출되는 염소 이온의 직접적인 침투에 의한 철근 부식이 염려되고 있다. 따라서 현장 시공 조건을 모사한 시험체를 표 5.11 및 그림 5.14와 같이 제작하여 압축강도 및 염소 이온 침투 저항성 시험에 의한 신·구 콘크리트의 접착 성능을 비교 평가하였다. 표 5.12는 압축강도 결과로 신구 접착면에는 이상이 없고 파괴면이 완전체와 흡사하여 신구 접착면을 습윤 상태로 유지만 하여도 우수한 접착력을 확보할 수 있었다. 그리고 염소 이온 침투 저항성 시험(KS F 2711)을 실시한 결과, 역시 접착 방법에 관계 없이 모두 높은 침투 저항성을 확보하는 것을 알 수 있었다(표 5.13).

경제성을 분석한 결과, 표 5.14에서 보는 바와 같이 일반 콘크리트에 비해 고유동 콘크리트를 적용한 결과, 타설 시간은 약 30 퍼센트, 작업 인원은 약 60 퍼센트 등 전반적인 시공비 절감 효과가 나타났다.

표 5.11 시험체 제작 방법

구 분	제작 방법
①	완전체
②	수직으로 1/2 타설 후 1시간 경과 1/2 타설
③	수직으로 1/2 타설 후 2시간 경과 1/2 타설
④	45° 기울여 1/2 타설 후 2시간 경과 1/2 타설
⑤	수직으로 1/2 타설 후 24시간 경과 1/2 타설

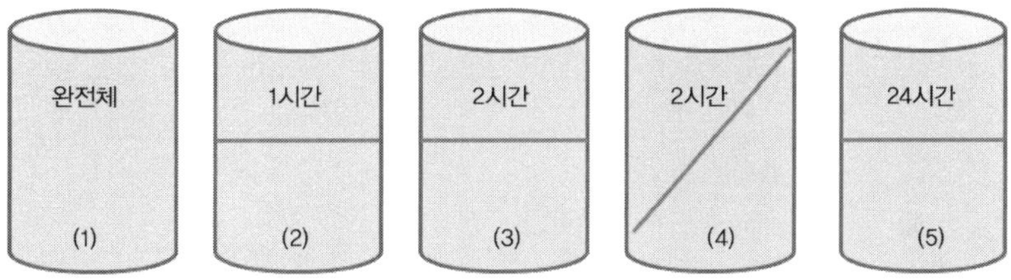

그림 5.14 **시험체 제작 방법**

표 5.12 압축강도 측정 결과

구 분	압축강도(MPa)		
	재령 3일	재령 7일	재령 28일
①	16.8	30.8	46.8
②	16.3	28.5	45.6
③	15.3	26.9	44.5
④	13.6	28.0	44.9
⑤	17.4	32.9	46.2

표 5.13 염소 이온 침투 저항성 시험 결과

구분	염소 이온 투과성	저발열 시멘트		
		25-40-180	25-35-650	25-30-180
총 전하량(Q)	-	94.1	101.3	133.7
4,000 이상	높음	-	-	-
2,000 ~ 4,000	보통	-	-	-
1,000 ~ 2,000	낮음	-	-	-
100 ~ 1,000	매우 낮음	-	◎	◎
100 이하	무시할 만함	◎	-	-

표 5.14 고유동 콘크리트의 타설 효과

구 분	일반 콘크리트 (25-35-180)	고유동 콘크리트 (25-35-650)	타설 효과
타설 시간	40시간 예상	28시간 소요	약 30% 절감
작업 인원	140명 정도	60명 투입	약 60% 절감
작업 발판	100 기준	40% 설치	약 60% 절감

5.3.3 아카시 대교

일본의 아카시 해협을 가로질러 고베시와 아와지 섬을 연결한 아카시 대교는 전체 길이가 3,911 m, 중앙 경간이 1,991 m로 세계에서 가장 긴 현수교이다. 1988년 5월에 착공되어 10년의 공사 기간을 거쳐 1998년 4월에 개통되었으며, 공사비는 약 5,000억 엔(약 6조 원)

그림 5.15 아카시 대교 모습

이 소요되었다. 이 교량의 4개 기초 가운데 2개소 정착부 시공에 있어서 저발열 시멘트를 사용한 고유동 콘크리트를 적용하였다[18]. 이것은 정착부가 매스 구조이면서 강재가 다량으로 배근되어 있기 때문에 수화열 저감 대책으로 저발열 시멘트를 사용하는 동시에 확실하게 콘크리트를 충전시켜 구조물의 신뢰성을 향상시키기 위해서다.

1) 정착부 개요[19~21]

그림 5.16은 아카시 대교의 정착부 개념도이다. 고베시 측 정착부 1A는 지하 연속벽공을 채용하여 직경 85 m, 깊이 63.5 m의 케이슨 기초부와 깊이 84.5 m, 폭 63.5 m의 구체부가

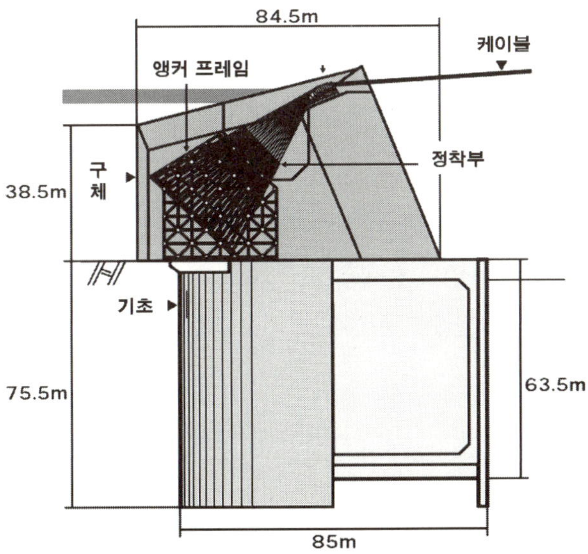

그림 5.16 아카시 대교의 정착부 개념도

일체로 되는 구조물이고, 아와지 섬 측 정착부 4A의 기초는 토류벽에 의한 직접 기초공법을 적용하였다. 지상 부분의 구체 콘크리트에 고유동 콘크리트를 적용함으로써 공기 단축(2.5년에서 2년)과 작업성 향상을 도모하였다. 구체에 적용된 고유동 콘크리트는 표 5.1에 나타낸 바와 같이 1A에 타설량 14만 m^3, 중량 약 35만 톤, 4A에 15만 m^3, 중량 37만 톤을 적용하였다.

표 5.15 아카시 대교의 정착부 제원

	1A	4A
기초형식	지중연속벽	직접기초
구체 콘크리트 (m^3)	140,000	150,000
구체 콘크리트 중량 (ton)	약 350,000	약 370,000
기초 RCC 콘크리트 (m^3)	23,600	–

표 5.16 사용 재료

사용 재료	종 류	물성 및 성분
시멘트	3성분계 저발열 시멘트	혼합 비율 : 중용열 시멘트 25% 고로 슬래그 미분말 55% 플라이 애쉬 20%
		비표면적 : 5,200 ㎠/g
혼화재	석회석 미분말	비표면적 : 5,500 ㎠/g
잔 골재	바다 모래 : 부순 모래 8 : 2	바다 모래 FM 2.3 ~ 2.7 부순 모래 FM 2.8 ~ 3.1
굵은 골재	부순돌 4020 : 2005	최대 치수 40 mm 4020 FM 7.7 ~ 8.0 2005 FM 6.5 ~ 6.8
혼화제	고성능 AE 감수제	폴리카본산 에테르계와 가교 폴리머 복합체
	공기량 조절제	음이온 계면 활성화제

표 5.17 시방 배합

구분	Gmax (mm)	W/C (%)	S/a (%)	단위 중량 (kg/m³)					고성능 감수제
				배합수 W	시멘트 C	석회석 미분말 LF	잔 골재 S	굵은 골재 G	
1A	40	55.8	45	145	260	150	769	965	(C+LF)×1.55%
4A	40	55.8	36	145	260	150	609	1 121	(C)×3.0%

2) 사용 재료 및 배합

정착부에 적용된 고유동 콘크리트의 사용 재료 및 시방 배합은 각각 표 5.16 및 표 5.17에 나타내었다. 매스 콘크리트이기 때문에 온도 응력에 의한 균열제어 목적으로 중용열 포틀랜드 시멘트에 고로 슬래그 미분말과 플라이 애쉬를 다량으로 혼합한 3성분계 저발열 시멘트를 사용하였다. 또한 타설 온도는 20℃에서 최고 단열 온도 상승량을 25℃ 이하로 제어하기 위해 단위 시멘트양은 260 kg/m^{3}로 하였고, 적절한 재료 분리 저항성을 확보할 목적으로 혼화재로서 석회석 미분말을 150 kg/m^3 사용하였다. 설계상 필요한 단위 용적 질량 2,300 kg/m^{3}를 확보하기 위해 최대 치수 40 mm의 굵은 골재를 사용하였다. 그리고 잔 골재는 바다 모래만으로는 미립분이 부족하여 입도 제어가 어렵기 때문에 바다 모래와 부순 모래를 혼합하여 사용하였다. 콘크리트의 품질 변동을 억제하기 위해 원심탈수식 잔 골재 표면수율 조정장치(용량 1.6 m^3)를 사용하여 잔 골재 표면수율을 일정한 범위 내에 제어하였다.

3) 제조

고유동 콘크리트 제조 설비는 1일에 1,900 m^{3}의 콘크리트를 8시간 이내에 타설할 수 있도록 하였으며, 강제식 믹서 2대(용량 6.0 m^3/대)와 계량용기 1대로 구성된 배처 플랜트를 설치하였다. 고유동 콘크리트의 비빔방법은 그림 5.17에 나타내었다. 먼저 시멘트, 석회석 미분말, 배합수, 잔 골재 및 혼화제를 넣어 모르타르를 혼합하고 난 다음에 굵은 골재를 투입하여 다시 혼합하였다. 이러한 비빔방법을 채택함으로써 모르타르와 콘크리트의 성상을 각각 확인 가능하였다.

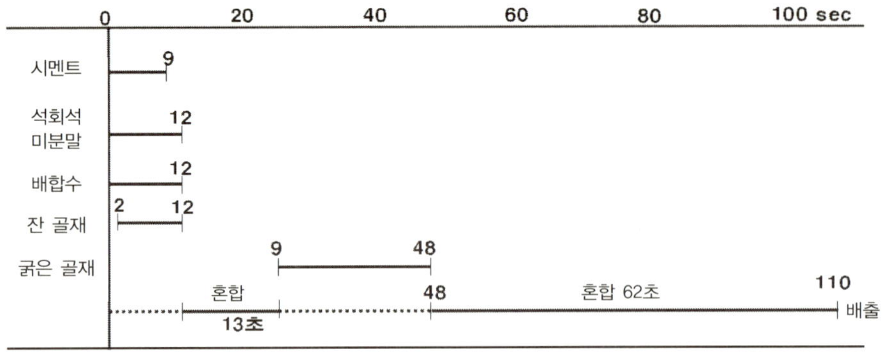

그림 5.17 믹싱방법

골재 및 배합수의 냉각, 액체 질소에 의한 콘크리트의 냉각 등 프리쿨링 및 콘크리트 타설 후 파이프 쿨링이 실시되었다. 배처 플랜트에서 제조된 콘크리트는 교반 트럭으로 벽체까지 운반하여 콘크리트 펌프차(110 m^3/hrs)로 압송하였으며, 직경 200 mm의 운송관을 타설 구획당 5~6계열을 배치하고 1계열에 자동 개폐식 게이트 파이프를 5 m 간격으로 설치하였다. 1리프트는 1.5~3.5 m로 하였다.

4) 품질관리

표 5.18에 따라서 아카시 대교 공사 시 품질관리를 실시하였다. 여기서 굳지 않은 고유동 콘크리트의 중요한 특성인 재료 분리 저항성 평가 방법은 그 당시에 규정되어 있지 않아 O형 로트 유하 시간, 콘크리트 시료의 육안 관찰 및 믹서의 유압 부하 값에 의해 판단하였다.

(1) 굳지 않은 콘크리트의 품질관리 결과

(a) 슬럼프 플로

그림 5.18에 슬럼프 플로의 결과를 나타내었으며, 제조 직후(압송 전)의 평균값은 545 mm이고 규격 값 550±50 mm를 벗어난 경우도 발생하였다. 이것은 타설 초기에 배합 조정 방법이 익숙하지 않았기 때문으로 추정되며, 규격 범위를 벗어난 콘크리트는 미스 배치로 처리하여 사용하지 않았다.

압송 후의 슬럼프 플로 값은 압송에 의한 손실이 평균적으로 50 mm 정도이고 편차도 크게 발생하였다. 손실의 원인으로는 혼화제의 슬럼프 플로의 유지 성능, 혼화제의 첨가량, 배관 길이, 압송 시의 압력, 압송에 의한 콘크리트의 온도 상승 및 외기온 등이 작용했을 것으로 추정되지만, 이러한 원인을 정량적으로 파악하는 것은 어렵다.

표 5.18 품질관리 항목

종별	시험 항목	시험 방법	시험 빈도		규격 값
재료	체분석	JIS A 1102	1회/일		JSCE 기준
	모래의 염화물 함유량	JSCE 규준	오전, 오후 각 1회		0.04% 이하
	잔 골재의 표면수율	JIS A 111	1회/2시간		
	굵은 골재의 표면수율	JIS A 1125	1회/일		
굳지 않은 콘크리트	슬럼프 플로	JSCE 규준	제조 시	최초 5배치 이후 1회/150m^3	550±50 mm
			압송 후	1회/150	450 ~ 600 mm
	분리 저항성	O형 로트	최초 5배치 이후 1회/300 m^3		7±3초
		믹서 부하 값	전 배치		12±1 MPa
	공기량	JIS A 1128 (주수법)	최초 5배치 이후 1회/150 m^3		4±1%
	염화물 함유량	JASS 5T-502	오전, 오후 각 1회		300g/m^3 이하
경화 콘크리트	압축강도	JIS A 1108	150 m^3/일 및 1회/300 m^3		재령91일 30 MPa 이상
	단위 용적 질량	강도용 공시체			2.3 t/m^3

표 5.19 굳지 않은 콘크리트의 품질관리 결과(1)

	제조 직후(압송 전)					압송 후			
	슬럼프 플로 (mm)	슬럼프 플로 시간 (sec)	공기량 (%)	O형 유하 시간 (sec)	콘크리트 온도 (℃)	슬럼프 플로 (mm)	슬럼프 플로 시간 (sec)	공기량 (%)	콘크리트 온도 (℃)
데이터 수	1,354	1,354	1,354	850	1,354	632	606	632	632
평균값	545	4.8	3.8	7.9	12.4	504	4.9	3.9	13.8
최대 값	650	11.2	5.0	18.5	20.8	620	19.1	5.0	22.6
최소 값	415	1.8	3.0	3.8	7.1	350	2.1	2.6	9.2
표준편차	32.9	1.3	0.47	1.82	–	50.7	1.67	0.50	–
변동계수	6.1	27.2	12.2	23.0	–	10.1	34.3	12.7	–

표 5.19 굳지 않은 콘크리트의 품질관리 결과(2)

	외기온 (℃)	슬럼프 플로 손실(mm)	공기량 손실 (%)	콘크리트 온도 상승량 (℃)	믹싱 시 부하 값 (MPa)
데이터 수	1,354	632	632	632	1,354
평균값	14.5	34	-0.1	1.3	11.9
최대 값	32.0	180	1.4	6.4	15.7
최소 값	2.0	-90	-1.8	-1.8	9.0
표준편차	-	-	-	-	0.988
변동계수	-	-	-	-	8.3

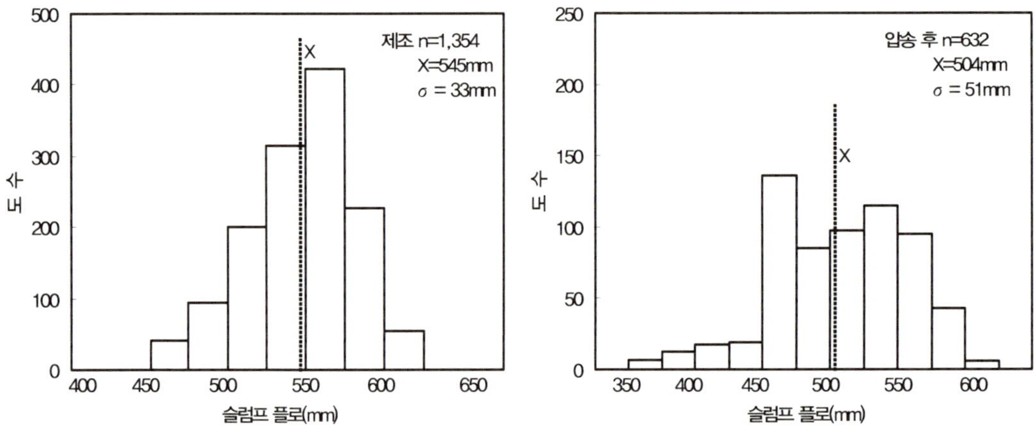

그림 5.18 **슬럼프 플로**

(b) O형 로트의 유하 시간

O형 로트의 유하 시간의 규격 값은 5~12초이고, 목표 값은 7초로 관리하였지만, 그림 5.19에 나타난 바와 같이 슬럼프 플로 값 이상으로 규격 값을 크게 벗어난 것이 많았다. 이것은 배합 조정할 때 슬럼프 플로 값 수정을 우선적으로 실시했기 때문으로 추정된다.

(c) 믹서 유압 부하 값

믹서의 유압 부하 값은 모든 배치에 대해서 운영자가 모니터에 표시된 유압 부하의 파형과 부하 값을 체크하는 방법으로 관리하였다. 비빔이 완료될 때의 부하 값은 목표 관리치를 12±1 MPa로 정하여 관리하였고, 목표 규격 값에 벗어난 경우 슬럼프 플로와 O형 로트 유하 시간을 확인한 다음에 양호한 경우에만 타설하였다.

또한 모르타르 혼합 시의 최고 유압 부하 값, 굵은 골재 투입 후 최고 유압 부하 값, 믹싱이 완료된 후의 콘크리트를 애지터이터에 투입될 때 펌프에서 유하 시간에 대해서 3개월 동안 측정한 결과를 토대로 중회귀분석을 실시하여 품질관리 기법을 확립하였다. 그림 5.20에 믹서의 유압 부하 파형의 일례를 나타내었다.

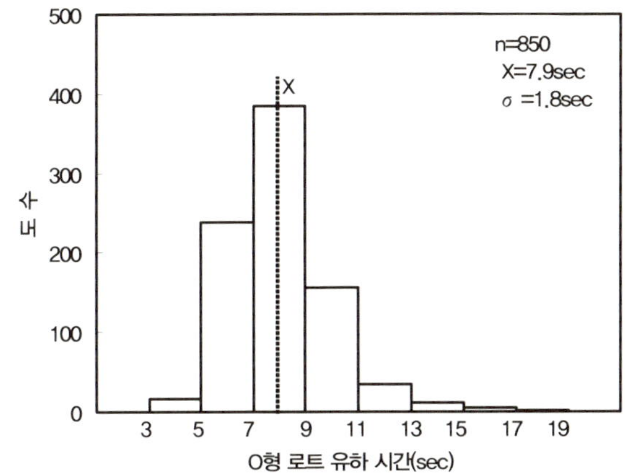

그림 5.19 O형 로트 유하 시간

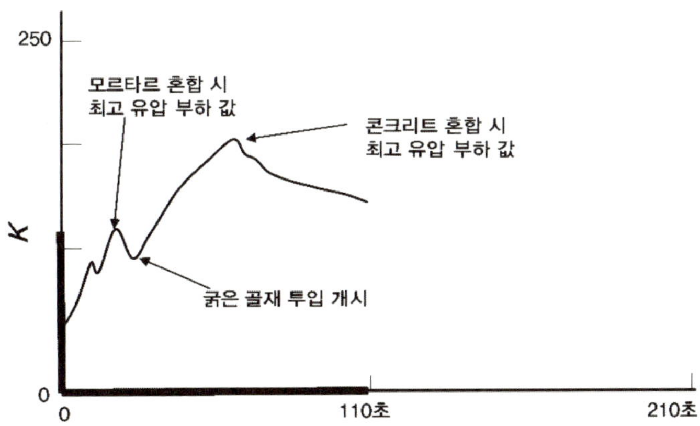

그림 5.20 믹서의 유압 부하 값

표 5.20 콘크리트의 압축강도 시험 결과

	제조 직후(압송 전) 채취 제작 (표준 공시체, 단위 : MPa)			압송 후 채취 제작 (표준 공시체, 단위 : MPa)		
	재령 7일	재령 28일	재령 91일	재령 7일	재령 28일	재령 91일
데이터 수	479	515	515	59	67	67
평균값	26.3	38.6	46.8	26.7	39.3	48.0
최대 값	32.9	45.2	55.4	32.4	44.4	55.7
최소 값	20.7	32.5	39.4	22.2	34.3	41.0
표준편차	1.99	2.31	2.78	2.04	2.35	3.11
변동계수	7.6	6.0	5.9	7.7	6.0	6.5

(2) 경화 콘크리트의 품질관리 결과

압축강도 시험의 결과는 표 5.20에 나타낸 바와 같이 각 재령마다 양호한 결과를 보였다. 또한 설계기준강도 30 MPa을 크게 상회하였으나, 단위 시멘트양을 260 kg/m^3 이하로 할 경우에는 내구성 저하가 염려되고 콘크리트 마감이 거칠어지는 현상이 발생하기 때문에 단위 시멘트양을 변경하지 않았다.

표 5.21은 코어 시험체의 압축강도 결과이다. 여기서 코어 채취 위치는 타설이 시작되는 게이트 파이프(타설 직하), 게이트 파이프와의 중간점(합류부) 및 콘크리트의 유동을 저해시키는 강재 부위 3개소로 하였다. 타설 직하의 강도에 비해 합류부와 강재 부위의 강도가 약간 저하되어 강도비가 각각 0.98, 0.96이고 유동에 의한 강도 저하가 배합설계에서 0.9로 예상되었기 때문에 양호한 품질이 확보된 것으로 판단된다. 그림 5.22는 콘크리트 구체로부터 채취한 코어 시험체의 압축강도, 단위 용적 질량 및 굵은 골재 면적률을 나타내었다. 마찬가지로 부위에 따른 품질 차이는 크게 발생하지 않았으며, 이 결과로부터 5 m 정도의 낙하 및 수평 방향으로 3~5 m 정도 유동시키더라도 재료 분리가 적게 발생하고 있음을 알 수 있다.

표 5.21 코어 채취 공시체의 압축강도 시험 결과

	코어 채취 강도(재령 28일, 단위: MPa)			
	타설 직하	합류부	강재 부위	평균
데이터 수	26	26	16	68
평균값	33.7	32.9	32.4	33.1
최대 값	36.8	37.7	35.3	37.7
최소 값	30.4	28.2	27.9	27.9
표준편차	1.92	2.34	2.08	2.19
변동계수	5.7	7.1	6.4	6.6

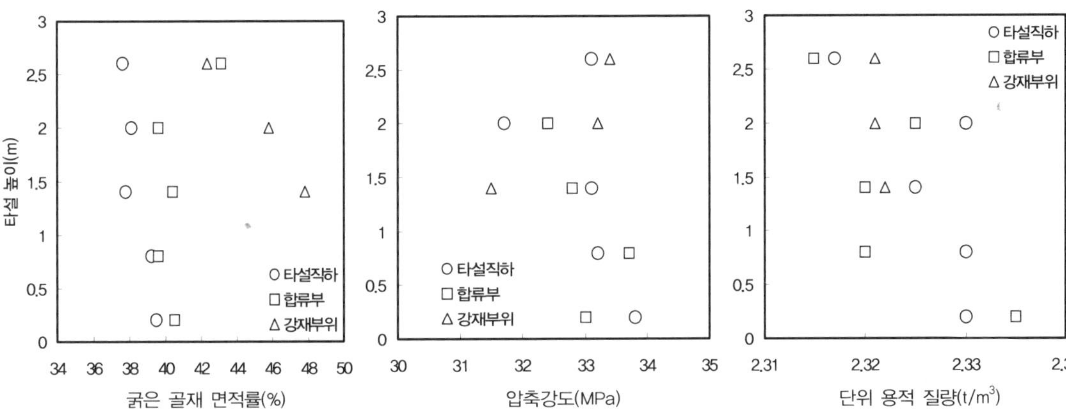

그림 5.21 **코어 공시체의 시험 결과**

5.3.4 JR 센트럴 타워

JR 센트럴 타워는 일본 나고야시 나고야역에 위치하고 있으며, 오피스 타워(245 m, 51층)와 호텔 타워(226 m, 53층) 2개의 타워로 구성되어 있고, 공사 기간은 1994년 8월에 착공하여 5년 4개월에 걸쳐 1999년 12월에 완공되었다. 여기에는 설계기준강도 60 MPa의 고유동 콘크리트를 이용하여 높이 104 m의 콘크리트 충전형 강관구조(CFT)로서 압입 공사를 실시하였다[22].

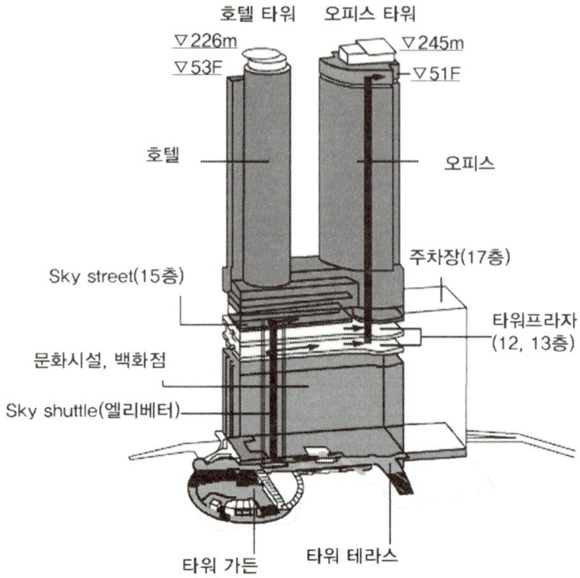

그림 5.22 JR 센트럴 타워 및 개념도

1) 공사 개요

JR 센트럴 타워의 모습과 개요를 표 5.22에 나타내었다. 이 건물은 역 시설 이외에 백화점, 문화 시설과 타워 왼쪽에 53층 호텔 오른쪽에 51층 오피스텔이 위치하고 있으며, 이들 타워를 연결하기 위해 지상 70 m 위치에는 15층 스카이 스트리트를 설치하였다. 초고층 2동의 자중을 지지하고 강성을 확보하기 위해 타워부 직하의 기둥(B1층~20층)을 콘크리트 충전형 강관 구조로 하였다.

표 5.22 JR 센트럴 타워의 개요

소재지	일본 아이치현 나고야시
주요 용도	역 시설, 백화점, 호텔, 오피스텔, 문화 · 영화관 시설 등
건물 면적	416,565m²
층수	지상 51층(오피스 타워), 지상 53층(호텔 타워), 지하 4층
높이	오피스 타워 : 245 m, 호텔 타워 226 m
구조	지상 : 철골조 및 CFT조 지하 : 철골철근 콘크리트조

2) 시공 계획

(1) CFT 기둥과 충전 높이

각형 강관기둥의 하부는 □－1,000 mm, 상부는 □－900 mm이고, 기둥보 접합부에는 중심에 ø250 mm의 개구와 4개의 모서리에 ø30 mm의 공기를 빼기 위한 구멍을 설치하였다. 콘크리트의 충전 높이와 강관 기둥에 추가되는 응력을 검토한 결과, 지상으로부터 20층까지 1회에 충전할 경우에는 5층 이하 기둥의 용접부가 허용응력을 초과할 수 있기 때문에 그림 5.23에 나타낸 바와 같이 10층을 경계로 하여 상하 2층으로 나누어 충전하였다. 강관기둥 85개의 총 타설량은 약 5,500 m^3이고, 고강도·고유동 콘크리트의 CFT 압입 타설량으로서 그 당시에 일본 최대였다.

(2) 콘크리트 배합

고유동 콘크리트의 계획 배합은 표 5.23에 나타내었다. 고유동 콘크리트는 단위 시멘트양이 많기 때문에 점성이 증가하여 펌프 압송이 저하되지만, 이것을 개선시키기 위해 저열 포틀랜드 시멘트(벨라이트 성분 약 60 퍼센트) 및 플라이 애쉬를 사용하였다. 잔 골재는 강모래(조립률 2.75)를 사용하였고, 굵은 골재는 부순돌과 강자갈을 혼합(실적률 61 퍼센트)하여 사용하였다. 그리고 다당류계의 증점제와 슬럼프 손실 저감형의 폴리카본산계 고성능 AE 감수제를 사용하였다.

구조체 강도 보정 값 S는 여름, 가을, 겨울에 각각 시험 타설한 목 업(Mock-up) 시험체의 코어 강도 조사에서 8.2 MPa로 하였고, 슬럼프 플로의 관리 범위는 ±50 mm로 하였다.

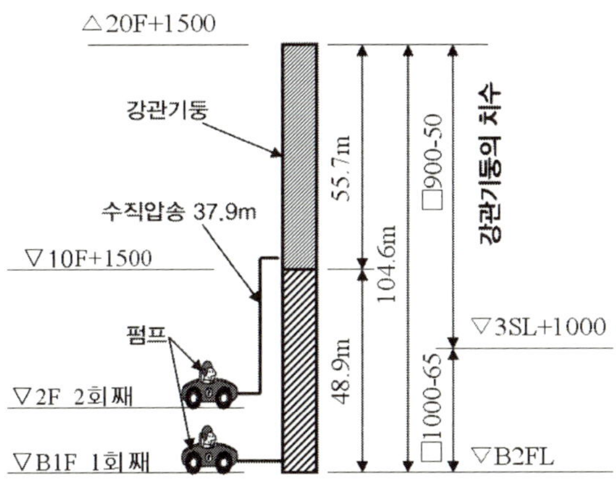

그림 5.23 강관 기둥과 콘크리트의 시공 구분

표 5.23 콘크리트 배합

목표 슬럼프 플로 (mm)	목표 공기량 (%)	W/B (%)	S/a (%)	단 위 량 (kg/m^3)						
				배합수	결 합 재		잔 골재	굵은 골재	증점제	고성능 AE 감수제
					시멘트	플라이 애쉬				
650	2	528	45	165	539	50	728	911	0.5	8.84

(3) 압송계획

기존 실적으로부터 콘크리트의 펌프 성능으로는 12 MPa급 이상의 것을 사용하였고 계산상은 그의 70 퍼센트(8.4 MPa) 이하의 압력이 되도록 시공 계획을 세웠다. 사용한 펌프는 표 5.24에 나타낸 것처럼 필요로 하는 토출 능력에 맞추어 상부와 하부의 타설 위치에 따라 기종을 변경하였다.

콘크리트의 압송 속도는 콘크리트의 충전성과 펌프 성능의 양측으로부터 결정되어야 하는데, 충전 높이가 매분 1 m 이하이고, 내부 치수가 800 mm 각 기둥의 경우에는 압송 속도는 38 m^3/h 이하로 하였다. 한편, 콘크리트의 압력 손실(ΔP : 배관길이 1 m당 펌프 압력 부하)은 압송 속도(Q : m^3/h)에 따라 다르기 때문에 수평 배관 길이 80 m(환산 길이)에 대해 압송 실험을 실시하였다. 그 결과, 압력 손실은 최대 38 kPa/m(압송 속도 30 m^3/h일 때)이고, $\Delta P=1.89Q-18$의 관계식이 얻어졌다. 수평·수직 배관 길이는 최대 194 m이기 때문에 펌프 압송 부하의 목표 값 8.4 MPa 이하로 제어하기 위해 압송 속도의 상한 값을 33 m^3/h 이하로 설정하여 관리하였으며, 실제의 압송 속도는 평균 20 m^3/h였다.

표 5.24 필요 토출 능력과 펌프 성능

타설 구분	필요 토출압 (계산 값)	최대 토출압 (펌프성능)	펌프 제조사
호텔동(하부)	5.6 MPa	10.5 MPa / 98 m^3/h	P사제(독일)
호텔동(상부)	8.0 MPa	18.1 MPa / 20 m^3/h	P사제(독일)
오피스동(하부)	4.9 MPa	8.0 MPa / 30 m^3/h	M사제(일본)
오피스동(상부)	8.3 MPa	13.5 MPa / 75 m^3/h	S사제(독일)

주) 압력손실 ΔP=45 KPa/m로 계산

3) 시공 결과

(1) 굳지 않은 콘크리트의 특성

CFT 압입 충전 공사 시 전체 슬럼프 플로의 편차를 표 5.25와 그림 5.24에 나타내었다. 출하 시에 비해 운반시간 30분 후 배출되는 슬럼프 플로는 평균으로 60 mm 정도가 증가되었으며 표준편차도 22 mm 정도였고, 95 퍼센트 이상으로 슬럼프 플로를 650±50 mm 이내로 관리할 수 있었다. 배출 시 공기량은 평균 1.5 퍼센트, 표준편차는 0.23 퍼센트였다.

(2) 콘크리트의 압입 압력

상부의 충전 공사를 할 때 콘크리트 운송관 내 압력의 경시 변화 일례를 그림 5.25에 나타내었다. 펌프 근처의 압력은 최대 3.9 MPa에 근접하였고 순간적으로 6 MPa을 초과하는 경우도 있었다. 교반트럭을 교환하기 위해 펌프를 정지할 때에는 펌프 근처의 관내 압력도 강관 기둥의 압입구 근처와 동등한 압력까지 감소하였다. 압입구 근처의 압력은 압송중 또는 펌프 정지중에도 큰 변화가 없었고 정수압의 약 1.2배였다.

표 5.25 슬럼프 플로

시험	시험횟수	평균값	표준편차
출하	530	584 mm	40 mm
배출	1109	644 mm	22 mm
기둥 상부	172	612 mm	74 mm

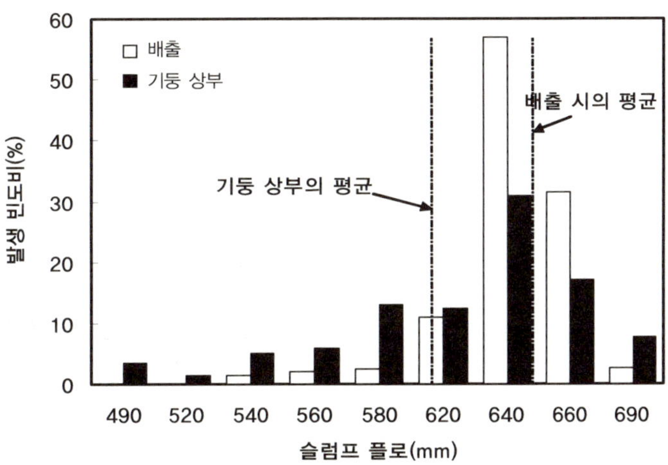

그림 5.24 **슬럼프 플로의 시험 결과**

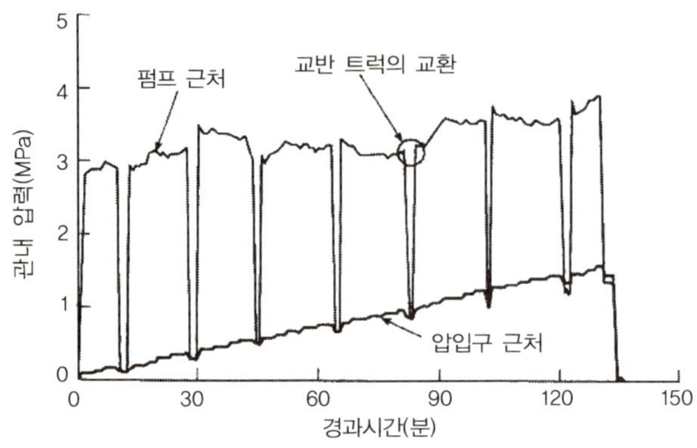

그림 5.25 **콘크리트의 압입 압력 변화**

(3) 강관 기둥의 주방향 변형률

콘크리트를 충전한 강관의 주방향 변형률을 그림 5.26에 나타내었다. 1층과 3층에서는 강관 치수와 콘크리트의 천장까지의 거리가 다르기 때문에 단순히 변형률의 크기를 비교할 수 없지만, 콘크리트가 상승함에 따라 변형률도 증가하고 타설 종료 후 12시간이 경과하는 시점에서 급격히 감소하였다.

그림 5.27에 강관 기둥의 변형률에 대해 계산치와 실측치를 비교하여 나타낸 것이다. 콘크리트의 액체압(자중×높이)이 강관 내부로부터 발생하는 것으로 가정하면, 실측치는 계산치의 80 퍼센트에서 95 퍼센트 정도로 안전 측에 있다. 압입구에서 압입압력은 콘크리트를 액체로 가정한 액체압의 1.2배 정도이지만, 강관 기둥에 추가되는 응력은 액체 압력으로

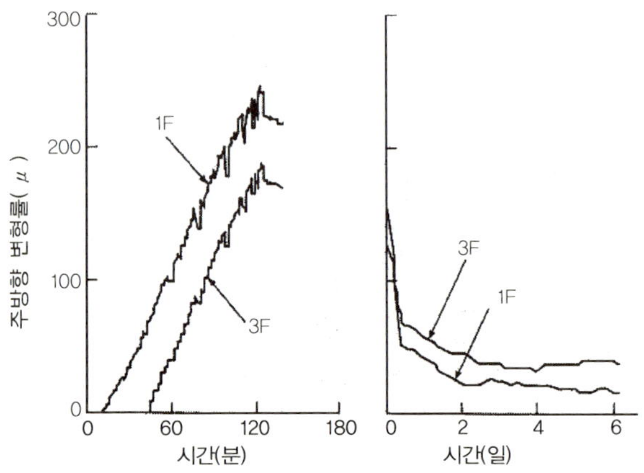

그림 5.26 **강관 기둥의 주방향 변형률**

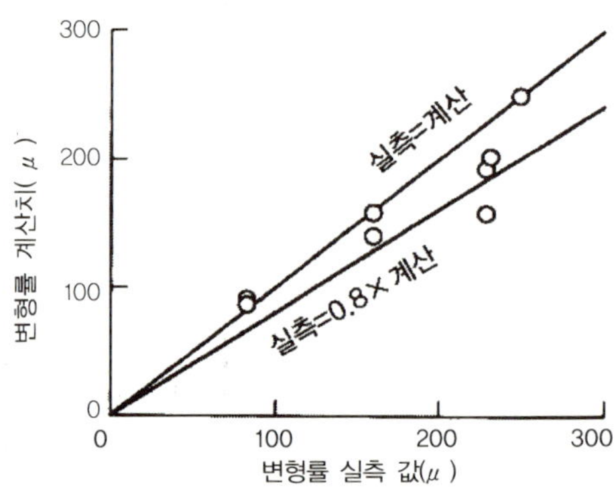

그림 5.27 **변형률 비교**

산정하는 적절한 것으로 판단된다. 콘크리트의 충전 시공중에 강관 기둥에 발생하는 변형률은 그림 5.28에 나타낸 바와 같이 콘크리트를 충전 완료 직후부터 감소하나, 재령 4일에서 변형률은 40 μ 이하로 충전에 의한 변형률은 거의 손실되었다.

(4) 콘크리트의 침하

강관 기둥 내에 충전한 콘크리트 상부의 침하량을 측정한 일례를 그림 5.28에 나타내었다. 충전 직후에는 침하가 되지 않지만, 약 3시간이 경과하면 2.0 mm 정도 침하되었다. 충전 높이 55.7 m에 대해 2 mm 정도의 침하량은 매우 작은 값이기 때문에 문제가 없는 것으로 판단된다.

(5) 압축강도

압축강도 발현 결과를 그림 5.29에 나타내었다. 저발열 포틀랜드 시멘트에 플라이 애쉬를 혼합하여 사용하였기 때문에 강도 발현은 늦고 재령 28일과 56일 사이에 크게 증가되고 있다. 재령 56일에 있어서 표준편차는 4.9 MPa로 변동계수로 환산하면 5 퍼센트 이하로 매우 안정된 콘크리트 제조가 되었다고 할 수 있다.

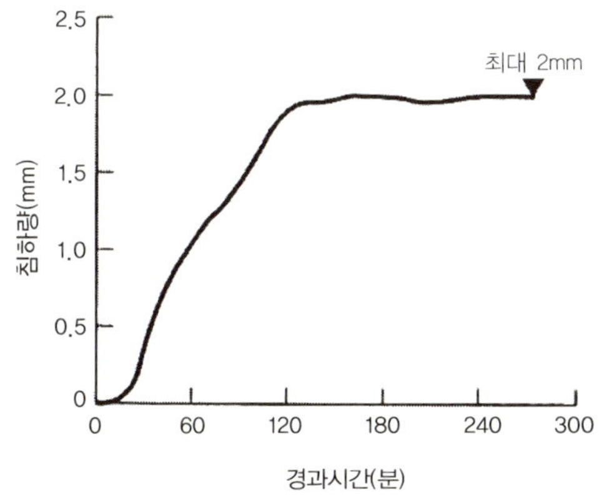

그림 5.28 **콘크리트의 침하**

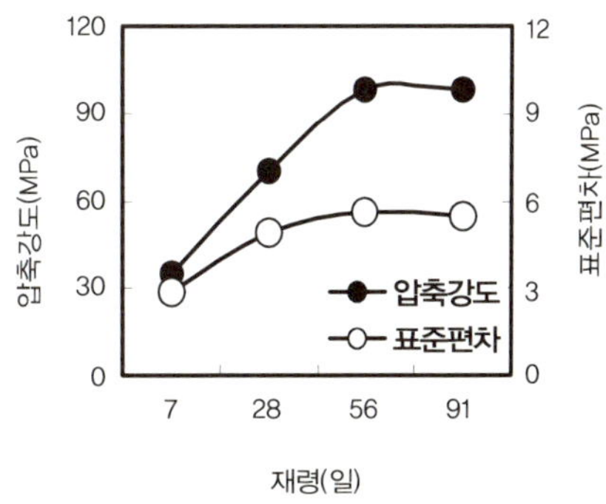

그림 5.29 **압축강도 발현**

5.3.5 국내 기타 사례

1) 파주 LG 필립스 LCD P7

관련 사진

배합

배합 강도 (MPa)	W/B	단위 중량 (kg/m^3)					고성능 감수제
		배합수	시멘트	플라이 애쉬	잔 골재	굵은 골재	
30	38	154	324	81	822	933	4.05
40	31	151	416	74	744	953	5.88

특기 사항

○적용 현장 건물 규모 : 200 m × 220 m
○강도 : 30, 40 MPa
○대규모 타설, 장거리 압송
○하절기 콘크리트 공사 집중

2) 인천 LNG 19, 20호

관련 사진

배합

Gmax	W/B	W/C	s/a	단위 중량 (kg/m^3)						
				배합수	시멘트	석회서 미분말	잔 골재	굵은 골재	고성능 감수제	증점제
25	29	45	48.8	174	387	218	735	795	7.55	0.16

요구 성능

지중 연속벽 콘크리트

- 설계기준 재령 : 91일
- 설계기준 강도 : 40 MPa
- 증점제계 고유동 저발열 콘크리트(저발열 시멘트 + 석회석 미분말)

슬럼프 플로 (mm)	플로 500 mm 도달 시간(sec)	V 로트 유하 시간 (sec)	U형 박스 (mm)	공기량 (%)
650±50	7±3	15±5	>300	4±1

특기 사항

○ 적용 구조물 규모 : 내경 72.4 m×두께 3.3 m×높이 62.8 m
○ 타설량 : 37,500 m^3/탱크

3) 타워 팰리스 III

관련 사진

배합

배합 강도 (MPa)	W/B	단위 중량 (kg/m³)					고성능 감수제
		배합수	시멘트	플라이 애쉬	잔 골재	굵은 골재	
40	35.1	166	355	118	735	935	6.15

특기 사항

○매트 기초에 고유동 콘크리트 적용

○8,000 m^3의 콘크리트 14시간 타설

5.3.6 국외 기타 사례

1) 히가시 오주 고가교

관련 사진

배합

W/B	단위 중량 (kg/m^3)					고성능 감수제 (B×%)
	배합수	시멘트	플라이 애쉬	잔 골재	굵은 골재	
30.5	175	457	118	840	744	1.0

특기 사항

- ○ 콘크리트 공장 제품에 대한 표면 마감 성능 향상 및 근로조건(소음, 진동) 향상
- ○ 일반 콘크리트 대비 재료단가 4 퍼센트 상승, 노무비 33 퍼센트 저감, 총 7 퍼센트 비용 절감

2) 고베항 미나토 섬 터널 샌드위치 패널

관련 사진

배합

종류	W/B	단위 중량 (kg/m³)					고성능 감수제 (B×%)	증점제 (W×%)	공기 연행제 (C×%)
		배합수	시멘트	고로 슬래그 미분말	잔 골재	굵은 골재			
분체계	31	182	176	411	764	789	1.1	–	–
증점제계	47	193	411	–	864	823	3.0	0.25	0.30

특기 사항

○강합성 샌드위치 구조의 충전성 확보를 위하여 적용

○2009년 7월 개통

3) 치크치 에토 빌딩

관련 사진

배합

W/B	단위 중량 (kg/m³)				증점제	고성능 감수제 (B×%)
	배합수	시멘트	잔 골재	굵은 골재		
35.4	170	480	800	923	0.75	2.6

특기 사항

○강관 콘크리트 구조(강관 기둥 18개, 압입 높이 35 m)

○타설량 : 175 m^3

4) 북 후쿠오카 세이브 가스 탱크 T-2

관련 사진

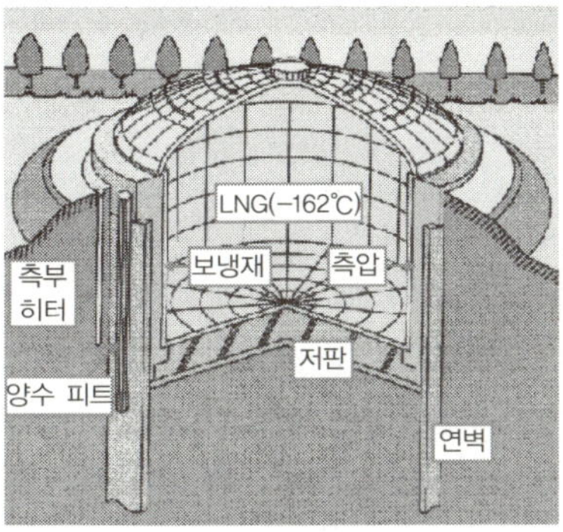

배합

종류	W/B	단위 중량 (kg/m^3)					고성능 감수제 (B×%)
		배합수	시멘트	실리카 퓸	잔 골재	굵은 골재	
타입 1	30	165	495	55	751	888	1.1
타입 2	23	148	579	64	704	704	1.2

특기 사항

ㅇ지중 연속벽
ㅇ강도 : 60 MPa
ㅇ결합재 : 저발열 시멘트 + 실리카 퓸

5) 가나가와 양수 발전소 도수로

관련 사진

배합

Gmax	W/B	단위 중량 (kg/m^3)					고성능 감수제 (C+FA)×%	증점제
		배합수	시멘트	플라이 애쉬	잔 골재	굵은 골재		
20	47	180	266	114	908	846	1.7	0.40

특기 사항

ㅇ수평 200 m, 경사 1,000 m 압송에 필요한 고유동 콘크리트 조건
ㅇ유동 거리 : 12 m
ㅇ타설 속도 : 30 m^3/h 이상
ㅇ물성 : (압송 전) 슬럼프 플로 500 mm 도달 시간 3 ~ 15초, 로트 유하시간 10 ~ 40초
(압송 후) 슬럼프 플로 555 mm, U형 박스 300 mm 이상

6) 시카고 트럼프 타워

관련 사진	  
사용 재료 및 배합	○시멘트 및 결합재 2종 포틀랜드 시멘트 고로 슬래그 시멘트(Grade-120) C급 플라이 애쉬 ○배합 W/B : 26 ~ 28%, 페이스트 체적 : 28.3%
특기 사항	○매트 기초의 콘크리트 물성 최고 온도 도달점 : 68℃ 표면과 중심 온도의 차이 : 15℃ 이내

참/고/문/헌

[1장]

1. 강석화 · 박칠림, "日本에서의 超流動 콘크리트의 實用化 動向", 콘크리트학회지, Vol.5, No.2, 1993.
2. 오교선 · 김기철, "최신 유동화 콘크리트-분리저감형 유동화제에 의한 준고유동 콘크리트의 개발", 콘크리트학회지, Vo.13, No.3, 2001.
3. 장일영 · 박희민, "하이퍼포먼스 콘크리트의 가능성, 콘크리트학회지, Vol.4, No.2, 1992.
4. 최연왕 · 김경환 · 박상준 · 정재권, "고유동 콘크리트", 콘크리트학회지, Vol.22, No.1, 2010.
5. 콘크리트 표준시방서, 한국콘크리트학회, 2009.
6. 한국콘크리트학회, "특수콘크리트공학" 기문당, 2004. 12
7. ACI Committee 237, "ACI 237R-07 Self-Consolidating Concrete(ACI 237-R07)", ACI, April, 2007.
8. Khayat, K.H., "Optimization and performance of air-entrained self-consolidating concrete", ACI Materials Journal, Vol.97. No.5, 2000.
9. Okamura, H., and Ouchi. M., "Self-compacting concrete", Journal of Advanced Concrete Technology, Vol.1, No.1, 2003.
10. P.L. Domone, "Self-compacting concrete: An analysis of 11 years of case studies," Cement and Concrete Composites, Vol.28, Issue 2, 2006.
11. RILEM Committee 174-SCC, "Self-Compacting Concrete(RILEM 174-SCC)", RILEM, September, 2000.
12. RILEM TC 174-SCC, "Self-Compacting Concrete", Proceedings of the First International Symposium, 1999.
13. 長龍重義, "コンクリ-トの高性能化", 技報堂, 1997.
14. 小澤 · 前川 · 岡村, "ハイパフオ-マンスコンクリートの開發", コンクリート工學年次論文報告集, Vol.11, No.1, 1989.
15. 名和 · 鈴木 等, "高ビーライト系セメントを用いた高流動 · 高强度コンクリートに關する硏究", コンクリート工學年次論文報告集, Vol.15, No.1, 1993.
16. 藤原 · 長龍 等, "高流動コンクリートの間隙通過性に關する硏究", 土木學會論文集, No.550, V-33, 1996.
17. 大內雅博, "自己充てん(高流動) コンクリート", コンクリート工學 Vol.40, No.1, 2002.
18. 岡村甫, "締固め不要への挑戰", セメントコンクリート No.539. 1992.

19. 岡村・前川・小澤, "ハイパフォ-マンスコンクリ-ト", 技報堂, 1997.
20. 日本土木學會, 高流動コンクリ-トの施工指針, 1998.
21. 日本建築學會, 高流動コンクリ-トの材料・配合・製造・施工指針(案)・同解說, 1997.
22. コンクリ-ト委員會, "自己充てん型高度强度高耐久コンクリ-ト構造物設計・施工指針(案)", (社)土木學會, 2001.

[2장]

1. 권영호 · 김무한, "사용재료의 품질변동이 고유동콘크리트의 특성에 미치는 영향 -인천 LNG 인수기지 #213,214-TK를 중심으로-", 콘크리트학회논문집, Vol.12, No.2, 2000.
2. 권영호 · 이화진 · 이현호 · 하재담, "고유동 콘크리트의 품질변동 요인에 관한 연구", 한국콘크리트학회 2004년도 가을 학술발표회 논문집, 2004.
3. 김규용 · 정하선 · 김무한 외, "고유동콘크리트의 유동특성에 미치는 잔골재 및 굵은골재의 영향", 콘크리트학회 1998년도 가을 학술발표회 논문집, 1998.
4. 콘크리트 표준시방서, 한국콘크리트학회, 2009.
5. ACI Committee 237, "ACI 237R-07 Self-Consolidating Concrete(ACI 237-R07)", ACI, April, 2007.
6. Daczko, J.A., and Constantiner, D., "Rheodynamic Concrete", IBRACON Conference, Institute de Barasileiro do Concrete, 2001.
7. L. Ferrara, Y.D. Park, and S.P. Shah, "A method for mix-design of fiber-reinforced self-compacting concrete", Cement and Concrete Research 37, 2007.
8. O. Petersson, and P. Billberg, "Investigation on blocking of self-compacting concrete with different maximum aggregate size and use of viscosity agent instead of filler", Proceedings of 1st RILEM Symposium on Self-Compacting Concrete, Stockholm, Sweden, 1999.
9. P. Domone, and H. Chai, "Testing of binders for high performance concrete", Cement and Concrete Research 27, 1997.
10. RILEM Committee 174-SCC, "Self-Compacting Concrete(RILEM 174-SCC)", RILEM, September, 2000.
11. S. Nan, K.C. Hsu, H.W. Chai, "A simple mix design method for self-compacting concrete", Cement and Concrete Research 31, 2001.
12. Y. Edamatsu, N. Nishida, and M. Ouchi, "A rational mix-design method for self-compacting concrete considering interaction between coarse aggregate and mortar particles", Proceedings of 1st RILEM Symposium on Self-Compacting Concrete, Stockholm, Sweden, 1999.
13. Y.W. Choi, Y.J. Kim, H.C. Shin, and H.Y, Moon, "An experimental research on the fluidity and mechanical properties of high-strength lightweight self-compacting concrete", Cement and Concrete Research 36, 2006.
14. 日本土木學會, 高流動コンクリ-トの施工指針, 1998

15. 日本建築學會, 高流動コンクリ-トの材料・配合・製造・施工指針(案)・同解説, 1997.
16. 岡村・前川, 小澤, "ハイパフオ-マンスコンクリート", 技報堂, 1997.
17. 技松・安本 等, "細骨材の表面水の変動が高流動コンクリートの充塡性に及ぼす影響", 土木學會51回年次講演概要集 第5部, 1996.
18. 新藤・板本 等, "使用材料の品質変動が超流動コンクリートの性状に及ぼす影響", コンクリート工學年次論文報告集, Vol.14, No.1, 1992.
19. 平田・三浦 等, "高流動コンクリートのフレッシュ性狀に及ぼす骨材粒度の影響", コンクリート工學年次論文報告集, Vol.17, No.1, 1995.
20. 土木學會, "高流動コンクリートに關する技術の現狀と課題", コンクリート技術シリ-ズ15.

[3장]

1. 고경택 · 이장화 · 한상묵 · 장일영 · 三甫尙, "한랭지에 있어 고유동 콘크리트의 동해에 관한 연구", 한국콘크리트학회 가을학술발표 논문집, 1999.
2. 고경택 · 한상묵 · 유원의, "석회석미분말 혼입 모르타르의 강도발현 및 황산염 침해에 대한 저항성에 관한 연구", 콘크리트학회 논문집 제16권 3호, 2004.
3. 권영진, "고유동콘크리트의 건조수축 및 중성화 특성에 관한 연구", 대한건축학회논문집 구조계, 20권 7호, 2004.
3. 권영호, "지하연속벽용 병용계 고유동 콘크리트의 시공 품질 및 보증강도 평가에 관한 연구", 콘크리트학회 논문집 : Vol.18 No.6, 2006.
4. 김무한 · 권영진 · 강석표, "고로슬래그 미분말을 사용한 고유동콘크리트의 내동해성에 관한 실험적 연구", 한국콘크리트학회논문집, 12권 12호, 2000.4.
5. 김무한 · 남재현 · 김규용 · 길배수 · 한장현, "적산온도방식에 의한 고유동콘크리트의 강도관리에 관한 실험적 연구", 콘크리트학회 논문집, Vol.12, No.2, 2000.
6. 김무한 · 최세진, "물-결합재비에 따른 고유동콘크리트의 특성에 관한 실험적 연구", 한국콘크리트학회 논문집, 13권 4호, 2001.8.
7. 김병권 · 이석홍 · 정하선 · 이영남 · 문한영, "산업부산물을 활용한 고유동화 초고강도 콘크리트의 기초물성 및 동결융해 특성", 한국콘크리트학회 학술대회 논문집, Vol.13 No.1, 2001.
8. 김용로 · 장종호 · 길배수 · 백철 · 남재현 · 김무한, "온도조건에 따른 고로슬래그 미분말을 사용한 고강도 고유동 콘크리트의 특성에 관한 연구", 한국콘크리트학회 학술발표대회 논문집, 2001.
9. 김은겸 · 박천세 · 최재진 · 전찬기 · 이호석, "고로슬래그미분말 및 플라이애쉬를 사용한 고유동콘크리트의 특성에 관한 연구", 한국콘크리트학회 학술발표회 논문집, Vol.15, No.1, 2003.
10. 노재명 · 권기주 · 나환선 · 정원섭, "다성분계 고유동 콘크리트의 현장적용성 연구", 한국콘크리트학회 학술대회 논문집, Vol.16 No.2, 2004.
11. 박찬규 · 김한준 · 이승훈, "실리카흄 사용량에 따른 고유동 HVFAC 탄산화 특성", 한국콘크리트학회

학술대회 논문집, Vol.22 No.1, 2010.

12. 원종필 · 신유길, "다량의 플라이 애쉬를 사용한 저강도 고유동 충전재의 내구특성에 관한 연구", 한국콘크리트학회논문집, 12권 1호, 2000.
13. 이도범 · 김효락 · 박지훈 · 최일호, "초기 재령에서의 양생 온도 조건에 따른 고유동 콘크리트의 조기강도 발현 성상에 관한 실험적 연구", 한국콘크리트학회 학술발표회 논문집, Vol.15, No.2, 2003.
14. 최석환 · 이재문 · 한만엽 · 하재담, "고강도 고유동 콘크리트의 침식 저항성", 한국콘크리트학회 학술대회 논문집, Vol.18 No.1, 2006.
15. 최연왕 · 정재권 · 문재흠 · 문대중 · 박만석 · 최병걸, "석회석 미분말을 활용한 고유동 콘크리트의 자기수축 특성", 한국콘크리트학회 학술대회 논문집, Vol.22 No.1, 2010.
16. 최연왕 · 정재권 · 김경환 · 하상우 · 류득현 · 오성록, "석회석 미분말을 활용한 고유동 콘크리트의 염소이온 확산계수와 미세공극에 관한 연구", 한국콘크리트학회 학술대회 논문집, Vol.22 No.1, 2010.
17. 콘크리트 표준시방서, 한국콘크리트학회, 2009.
18. 하재담 · 김태홍 · 유재상 · 이종열 · 권영호, "저열포틀랜드 시멘트를 사용한 고유동콘크리트의 사용재료 및 배합변동에 따른 특성 평가", 한국콘크리트학회 학술발표 논문집, 13권 2호, 2001.
19. 한천구 · 김기철 · 박병관, "재료분리 평가정수에 의한 재료분리 평가방법의 제안", 한국콘크리트학회 가을 학술발표대회 논문집, 2008.
20. 한천구 · 김성수 · 손성운, "고유동 콘크리트용 분리저감형 유동화제의 최적배합비 결정", 한국콘크리트학회논문집, 14권 3호, 2002.
21. 한천구 · 김성욱 · 고경택 · 배정렬, "팽창재 및 수축저감제를 이용한 고성능 콘크리트의 수축특성", 한국콘크리트학회논문집 Vol.15, No.6, 2003.
22. 한천구 · 김성욱 · 고경택 · 한민철, "배합 및 재료요인에 따른 고성능 콘크리트의 품질특성", 한국콘크리트학회 논문집 Vol.16, No.6, 2004.
23. ACI Committee 237, "ACI 237R-07 Self-Consolidating Concrete(ACI 237-R07)", ACI, April, 2007.
24. B. Person, "Creep, shrinkage and elastic modulus of self-compacting concrete", RILEM Proceedings, 1999.
25. B. Persson, "Internal frost resistance of salt frost scaling of self compacting concrete", Cement and Concrete Research, Vol.33, 2003.
26. E. Attiogbe, H. See, and J. Daczko, "Engineering porperties of self-compacting concrete", Proceedings of the First North american Conference on the Design and Use of SCC, ACBM, 2002.
27. H.W. Song, K.J. Byun, S.H. Kim, and D.H. Choi, "Early-age creep and shrinkage in self-compacting concrete incorporating GGBFS", Proceedings of the second International Symposium on SCC, Tokyo, 2001.
28. K.H. Khayat, "Optimization and performance of air-entrained self-consolidating concrete", ACI Materials Journal, Vol.97, No.5, 2000.
29. K.O. Kjclsson, R.J. Detwiler, and O.E. Gjorv, "Pore structure of plain cement pastes hydrated at

different temperatures", Cement and Concrete Research, Vol.20, 1990.
30. W. Zhu, J.C. Gibbs, and P.J.M. Bartos, "Uniformity of in-situ-properties of self- compacting concrete in full-scale structural elements", Cement and Concrete
31. 小林・吉本・鈴木, "中庸熱ポルトランドセメント系HPC用セメントに關する研究", セメントコンクリート論文集, No.47, 1993.
32. 名和・鈴木 等, "高ビーライト系セメントを用いた高流動・高强度コンクリートに關する研究", コンクリート工學年次論文報告集, Vol.15, No.1, 1993.
33. 三浦・近松・青木・十河, "高速流動コンクリートに關する基礎研究", コンクリート工學年次論文報告集, Vol.13, No.1, 1991.
34. 日向・三浦・鈴木, "寒冷地における高流動コンクリートの强度發現に關する基礎的研究", 高流動コンクリートシンポジウム論文報告集, 土木學會, コンクリート技術シリーズ10, 1996.
35. 中村・林・伊藤・藤木, "石炭灰と砕石を用いた高流動コンクリートのフレッシュ性状と斷熱溫度上昇", 土木學會50回年次講演概要集 第5部, 1995.
36. 横內・坂本 等, "石灰石粉を混入したコンクリートの基礎特性", コンクリート工學年次論文報告集, Vol.15, No.1, 1993.
37. 高京澤, "初期凍害を受けた高流動コンクリートの品質低下と對策に關する基礎的研究", 東北大學博士論文, 1999.
38. 竹田・近松・十河 等 "薄肉RC壁に自由落下で打設できる超流動コンクリートの檢討", コンクリート工學年次論文報告集, Vol.1 4, No.1, 1992.
39. 北村・西崎・新藤・十河, "逆打ち用ハイパフオ-マンスコンクリートの品質管理と施工性に關する檢討", コンクリート工學年次論文報告集, Vol.15, No.1, 1993.
40. 土木學會, "高流動コンクリートに關する技術の現狀と課題", コンクリート技術シリ-ズ15.
41. 鈴木・中田・馬場・齊藤, "分離低減劑(增粘劑)を用いた高流動コンクリートに關する實驗研究(その8 フレッシュコンクリートの經時變化, ブリーデイング、凝結時間)", 日本建築學會大會(北海道)學術講演概要集, 1995.
42. 米澤・奧野・大浦・佐藤, 等, "シリカフュ-ムを用いた超高强度コンクリートの鋼管壓入施工", コンクリート工學 Vol.31, No.12, 1993.
43. 神代・大池・中根, "各種混和材を使用した高流動コンクリートに關する實驗的研究", コンクリート工學年次論文報告集, Vol.17, No.1, 1995.
44. 日本建築學會, 高流動コンクリ-トの材料・配合・製造・施工指針(案)・同解說, 1997.
45. 松永・大高 等, "高C2Sセメントペースの三成分系セメントを使用したコンクリートの性質", 第49回セメント技術大會講演集 , 1995.
46. 堂園・丸岡・神 等, "ベ-ライト系セメントを用いたコンクリートの高溫環境下における特性", 第49回セメント技術大會講演集, 1995.
47. 桃谷・阿部 等, "高流動コンクリートの力學特性・耐久性に關する研究(その9. 自己收縮とひび割れに

關する試驗), 日本建築學會大會(北海道)學術講演概要集, 1995.

48. 宮澤・田澤, "セメント系材料の自己收縮に及ぼすセメントの化學組成の影響", コンクリート工學年次論文報告集, Vol.18, No.1, 1996.

49. 梅澤・岡澤・堀部・中川, "高流動コンクリートの强度および耐久性に關する研究", コンクリート工學年次論文報告集, Vol.14, No.1, 1992.

50. 山下・江口, "HPCの早强化, 低發熱化に關する研究", 前田建設技術研究所報, Vol.35, 1995.

51. 鈴木・飛坂, "高流動コンクリートの力學特性・耐久性に關する研究 (その12. 中性化)", 日本建築學會大會(北海道)學術講演概要集, 1995.

52. 鎌田英治, "고성능콘크리트의 설계와 시공-한랭지에 있어서 고유동콘크리트", 콘크리트학회지, Vol.7, No.5, 1995.

53. 谷口・田畑・權寧璡・鎌田 等, "粉体系高流動コンクリートの基礎物性と耐久性に關する研究(耐凍害性)", 日本建築學會大會(東海)學術講演概要集, 1994.

54. 谷口・田畑・首藤・鎌田 等, "增粘劑系高流動コンクリートの基礎物性と耐久性に關する研究(耐凍害性)", 日本建築學會大會(北海道)學術講演概要集, 1995.

55. 中島・佐藤・出頭, "高流動コンクリートの耐久性に關する研究", 第2回超流動コンクリートに關するシンポジウム論文報告集, JCI-C35, 1994.

56. 上田・安田, "フライアッシュを結合材とする高流動コンクリートの適用質積および將來構想", 第2回超流動コンクリートに關するシンポジウム論文報告集, JCI-C33, 1993.

[4장]

1. 김우재・이건철・김광기・정상진・이종인・김현배, "건축물 시공을 위한 80MPa 고강도콘크리트 펌프압송에 관한 연구", 대한건축학회 학술발표대회 논문집, Vol.27, No.1, 2007.

2. 한천구・김기철・박병관, "재료분리 평가정수에 의한 재료분리 평가방법의 제안", 한국콘크리트학회 가을 학술발표대회 논문집, 2008.

3. A. M. Neville & J. J. Brooks, Concrete Technology, Longman Scientific & Technical, 1994.

4. Chiara F. Ferraris, "Measurement of the rheological Prooerties of High Performance Conrete : State fo the Art Report", Journal of Research of the National Institute of Standards and Technology. Vol. 104, No. 5, 1999.

5. G. H. Tattersall, P. F. G. Banfill, The Rheology of Fresh Concrete, Pitman Advanced Publishing Program, 1983.

6. 森博嗣, "フレッシュコンクリートの流動解析法に關する研究", 名古屋大學博士學位論文, 1989.

7. 森博嗣・谷川恭雄, "フレッシュコンクリートの流動解析技術と現狀", コンクリート工學, Vol.32, No.12, 1994.

8. 森博嗣・谷川恭雄, "高流動コンクリートのレオロジーとその評価方法", GBRC, 1994.

9. 日本コンクリート工學協會, 超流動コンクリート研究委員會報告書(Ⅰ), 1993.
10. 笠井芳夫・池田尙治, コンクリートの試驗方法, 技術書院, 1993.
11. 日本建築學會, 高流動コンクリ-トの材料・配合・製造・施工指針(案)・同解說, 1997.
12. 土木學會, "高流動コンクリートシンポジウム論文報告集", コンクリート技術シリ-ズ 10. 1996.
13. 土木學會, "高流動コンクリート施工指針", コンクリートライブラリー93, 1998. 7
14. 谷川恭雄, "フレッシュコンクリートの流動性に關する解析方法並びに合理的評価方法の開發", 平成4年度科學研究費補助金一般研究研究成果報告書, 1993.
15. 谷川恭雄・森博嗣, "コンクリートの施工設計法の確立をめざして(續)", セメント・コンクリート, No.551, 1993.
16. 谷川恭雄・森博嗣, "フレッシュコンクリートのレオロジーと流動解析", コンクリート工學, Vol.31, No.10, 1993.
17. 谷川恭雄 監修, "フレッシュコンクリートの流動特性とその予測", セメントジャーナル社, 2004.
18. 李建哲, "せん斷ひずみ依存性を考慮したフレッシュコンクリートのレオロジー性質に關する研究", 名古屋大學博士學位論文, 2005.
19. 日本建築學會, "コンクリ-トポンプ工法施工指針・同解說", 1994.
20. 土木學會, コンクリートのポンプ施工指針, コンクリートライブラリー100, 2000.
21. 日本土木學會, "高流動コンクリートに關する技術の現狀と課題", コンクリート技術シリ-ズ 15. 1996.
22. 日本土木學會, "フレッシュコンクリートのコンシテンシー評価に關する技術の現狀と課題(Ⅱ)", コンクリート技術シリ-ズ 54. 2003.

[5장]

1. 강병희, "고유동 콘크리트의 제조 및 시공 기술현황", 콘크리트학회지, Vol.13, No.2, 2001.
2. 권영호 · 김무한, "사용재료의 품질변동이 고유동콘크리트의 특성에 미치는 영향－인천 LNG 인수기지 #213,214-TK를 중심으로－", 콘크리트학회논문집, Vol.12, No.2, 2000.
3. 김강민 · 송용순 · 강석화 · 김홍태 · 배용대 · 박기태, "초유동 무다짐에 의한 북항대교 주탑 기초 매스콘크리트의 시공 개선 사례, 한국콘크리트학회지 Vo.22. No.1, 2010.
4. 노재명 · 한상묵, "고유동 콘크리트의 장거리 압송후 물성변화", 한국콘크리트학회 학술대회 논문집, Vol.21 No.2, 2009.
5. 안종문 · 신성우 · 전상우 · 김진호, "고유동 콘크리트를 사용한 22m 콘크리트 충전 각형강관기둥의 시공성능 실험", 콘크리트학회지, Vol.14, No.6, 2002.
6. 임병훈 · 임서형 · 권지훈, "고유동 콘크리트를 사용한 R.C조 건물의 기둥 보강공사", 콘크리트학회지, Vol.10, No.1, 1998.
7. 최욱 · 박현묘 · 최연왕 · 이광명 · 김기범 · 윤태정, "병용계 고유동 자기충전 라이닝콘크리트의 현장타설에 관한 연구", 한국콘크리트학회 학술대회 논문집, Vol.20 No.1, 2008.

8. 콘크리트 표준시방서, 한국콘크리트학회, 2009.
9. ACI Committee 237, "ACI 237R-07 Self-Consolidating Concrete(ACI 237-R07)", ACI, April, 2007.
10. RILEM Committee 174-SCC, "Self-Compacting Concrete(RILEM 174-SCC)", RILEM, September, 2000.
11. 日本土木學會, 高流動コンクリートの施工指針, 1998.
12. 日本建築學會, 高流動コンクリートの材料・配合・製造・施工指針(案)・同解說, 1997.
13. 竹田・十河・青木・平田, "高流動コンクリートのポンプ壓送性に關する一考察", コンクリート工學年次論文報告集, Vol.16, No.1, 1994.
14. 土木學會, "高流動コンクリートに關する技術の現狀と課題", コンクリート技術シリ-ズ15.
15. 北村・西崎,・新藤・十河, "逆打ち用ハイパフオ-マンスコンクリートの品質管理と施工性に關する檢討", コンクリート工學年次論文報告集, Vol.15, No.1, 1993.
16. 佐々木・和泉・阿部 等, "大規模打ち放し外壁における超ワーカブルコンクリートの實施工報告", 日本建築學會大會講演概要集 A, 1992.
17. 竹田・平田・近松, "高流動コンクリートのポンプ壓送性の予測に關する考察", 高流動コンクリートシンポジウム論文報告集, 土木學會, コンクリート技術シリーズ10, 1996.
18. 本州四國連絡高速道路(株), www.jb-honshi.co.jp
19. 糸日谷・德永・齊藤・西村, "明石海峽大橋1Aアンかレイジにおける高流動コンクリートの施工と品質管理", コンクリート工學 Vol.33, No.2, 1995.
20. 有馬・齊藤 等, "明石海峽大橋４Aアンかレイジにおける高流動コンクリートの品質", コンクリート工學年次論文報告集, Vol.16, No.1, 1994.
21. 保田・古屋・糸日谷・有馬, "1900㎥/日を可能したアンかレイジの施工", 明石海峽大橋, セメント・コンクリート, No.558, 1993.
22. 渡辺・川村・早川・有原, "設計基準强度 600kgf/㎠の高流動コンクリートを用いた高さ104mの壓入工事", コンクリート工學 Vol.36, No.10, 1998.

KCI 205 – 고성능콘크리트위원회

위원장	고경택	한국건설기술연구원 연구위원
간 사	김우재	포스코건설 기술연구소 차장
	이건철	한국건설생활환경시험연구원 선임연구원
위 원	김경환	(주)에이치비티 대표이사
	김성욱	한국건설기술연구원 책임연구원
	김정진	롯데건설기술연구소 책임연구원
	박해균	삼성물산(주)건설부문 차장
	박훈규	한국시설안전연구원 기술이사
	박희곤	(주)렉스콘 연구개발팀 선임연구원
	윤기원	아주산업(주) 기술연구소 소장
	조병영	한국건자재시험연구원 책임연구원
	최연왕	세명대학교 교수
	한민철	청주대학교 교수
	한상묵	GS건설(주) 기술연구소 선임연구원
	한천구	청주대학교 교수
	홍기남	충북대학교 교수

콘크리트 실무 매뉴얼

고유동 콘크리트의 제조 및 시공

2010년 12월 25일 1판 1쇄 인쇄
2010년 12월 30일 1판 1쇄 발행

저 자 사단법인 한국콘크리트학회
서울특별시 강남구 역삼동 635-4
한국과학기술회관 신관 1009호
TEL. 568-1985~7
FAX. 568-1918
http://www.kci.or.kr

발 행 인 김진근

발 행 처 사단법인 한국콘크리트학회

보 급 처 기문당
서울시 성동구 무학봉 28길 4-1
(왕십리동 966-22)
TEL. 2295-6171(代)~5
FAX. 2296-8188

출판등록 1976. 10. 7 (1-44)

홈페이지 http://기문당
http://www.kimoondang.com

I S B N 978-89-6225-337-5 93540

정 가 13,000원